W0199185

Heft 3

Heft 4

Einmaleins mit 7

1 Beim Völkerballturnier sind in jeder Mannschaft 7 Spieler.
Es spielen 10 Mannschaften mit. Wie viele Spieler sind es?

Mannschaften	1	2	3	4	5	6	7	8	9	10
Anzahl der Spieler	7	14								

2 Schreibe zu jeder Plusaufgabe eine Malaufgabe und löse sie.

a

$7 + 7 + 7 + 7 = \square$

$7 + 7 + 7 + 7 + 7 + 7 = \square$

$7 + 7 + 7 + 7 + 7 + 7 + 7 + 7 + 7 = \square$

b

$5 + 5 + 5 + 5 + 5 + 5 + 5 = \square$

$3 + 3 + 3 + 3 + 3 + 3 + 3 = \square$

$8 + 8 + 8 + 8 + 8 + 8 + 8 = \square$

3 a

$2 \cdot 7 = \square$ $7 \cdot 7 = \square$ $6 \cdot 7 = \square$ $1 \cdot 7 = \square$ $8 \cdot 7 = \square$

$5 \cdot 7 = \square$ $9 \cdot 7 = \square$ $4 \cdot 7 = \square$ $3 \cdot 7 = \square$ $10 \cdot 7 = \square$

b

$7 \cdot 10 = \square$ $7 \cdot 2 = \square$ $7 \cdot 5 = \square$ $7 \cdot 0 = \square$ $7 \cdot 8 = \square$

$7 \cdot 4 = \square$ $7 \cdot 3 = \square$ $7 \cdot 9 = \square$ $7 \cdot 6 = \square$ $7 \cdot 1 = \square$

4 Schreibe die Aufgaben der 7er-Reihe geordnet auf.

5 Übe mit deinem Partner das Einmaleins mit 7.
Die Kernaufgaben müsst ihr auswendig wissen.

6 Ergänze deine Einmaleinstabelle mit den Lösungen des Einmaleins mit 7.

Einmaleins mit 7

$1 \cdot 7 = \square$
$2 \cdot 7 = \square$
$3 \cdot 7 = \square$
$4 \cdot 7 = \square$
$5 \cdot 7 = \square$
$6 \cdot 7 = \square$
$7 \cdot 7 = \square$
$8 \cdot 7 = \square$
$9 \cdot 7 = \square$
$10 \cdot 7 = \square$

4 Ggf. mit Einmaleins-Übungskarte (Beilage 6) kontrollieren
5 Einmaleins-Übungskarte (Beilage 6) verwenden

Das ganze Einmaleins

·	1	2	3	4	5	6	7	8	9	10
1	1 · 1 =	1 · 2 =	1 · 3 =	1 · 4 =	1 · 5 =	1 · 6 =	1 · 7 =	1 · 8 =	1 · 9 =	1 · 10 =
2	2 · 1 =	2 · 2 =	2 · 3 =	2 · 4 =	2 · 5 =	2 · 6 =	2 · 7 =	2 · 8 =	2 · 9 =	2 · 10 =
3	3 · 1 =	3 · 2 =	3 · 3 =	3 · 4 =	3 · 5 =	3 · 6 =	3 · 7 =	3 · 8 =	3 · 9 =	3 · 10 =
4	4 · 1 =	4 · 2 =	4 · 3 =	4 · 4 =	4 · 5 =	4 · 6 =	4 · 7 =	4 · 8 =	4 · 9 =	4 · 10 =
5	5 · 1 =	5 · 2 =	5 · 3 =	5 · 4 =	5 · 5 =	5 · 6 =	5 · 7 =	5 · 8 =	5 · 9 =	5 · 10 =
6	6 · 1 =	6 · 2 =	6 · 3 =	6 · 4 =	6 · 5 =	6 · 6 =	6 · 7 =	6 · 8 =	6 · 9 =	6 · 10 =
7	7 · 1 =	7 · 2 =	7 · 3 =	7 · 4 =	7 · 5 =	7 · 6 =	7 · 7 =	7 · 8 =	7 · 9 =	7 · 10 =
8	8 · 1 =	8 · 2 =	8 · 3 =	8 · 4 =	8 · 5 =	8 · 6 =	8 · 7 =	8 · 8 =	8 · 9 =	8 · 10 =
9	9 · 1 =	9 · 2 =	9 · 3 =	9 · 4 =	9 · 5 =	9 · 6 =	9 · 7 =	9 · 8 =	9 · 9 =	9 · 10 =
10	10 · 1 =	10 · 2 =	10 · 3 =	10 · 4 =	10 · 5 =	10 · 6 =	10 · 7 =	10 · 8 =	10 · 9 =	10 · 10 =

1 Finde zu jeder Kernaufgabe zwei Nachbaraufgaben und löse sie.

S. 5 Nr. 1
a) 5 · 7 = 35
4 · 7 =
6 · 7 =

a) 5 · 7 =
b) 2 · 9 =
c) 5 · 8 =
d) 2 · 4 =

2 Finde zu jeder Kernaufgabe die Verdopplungsaufgabe und löse sie.

S. 5 Nr. 2
a) 2 · 6 = 12
4 · 6 =

a) 2 · 6 =
b) 5 · 3 =
c) 2 · 9 =
d) 1 · 8 =

3 Löse die Einmaleinsaufgaben. Nutze, wenn nötig Rechentricks und kontrolliere mit deiner Einmaleinstabelle.

a	b	c	d	e
3 · 4 =	7 · 6 =	4 · 9 =	8 · 5 =	6 · 1 =
5 · 4 =	4 · 6 =	6 · 9 =	3 · 8 =	7 · 2 =
6 · 4 =	3 · 6 =	2 · 9 =	9 · 3 =	8 · 7 =

4 Finde die fehlenden Zahlen. Kontrolliere mit deiner Einmaleinstabelle.

a	b	c	d
4 · ▢ = 20	6 · ▢ = 36	▢ · 4 = 32	▢ · 6 = 48
8 · ▢ = 80	5 · ▢ = 15	▢ · 9 = 9	▢ · 9 = 27
9 · ▢ = 18	2 · ▢ = 16	▢ · 5 = 25	▢ · 7 = 42

5 Übe alle Einmaleinsaufgaben mit dem Einmaleinspass. Dein Partner kontrolliert. Wenn du alle Aufgaben kannst, bist du Einmaleinsmeister.

5 Kopiervorlagen für den Einmaleinspass siehe Handbuch

1 a

Schätzt, welche Fläche die größte und welche die kleinste ist.

b

Überprüft eure Vermutung, indem ihr jede Fläche mit den Plättchen auslegt. Wie viele passen jeweils hinein?

S. 6 Nr. 1
b) Fläche A: 8 Plättchen

2 Lege mit 15 Plättchen unterschiedliche Flächen.
Zeichne sie ins Heft.
Male für jedes Plättchen ein Kästchen an.
Vergleiche mit deinem Partner.

3 a

Lege Rechtecke mit 12 Plättchen. Zeichne wie bei Aufgabe 2. Schreibe jeweils die passende Malaufgabe dazu.

b

Wie viele unterschiedliche Rechtecke findest du?

S. 6 Nr. 3
a)

2 · 6 = 12

4 Zeichne die Muster ins Heft und setze sie fort.

a

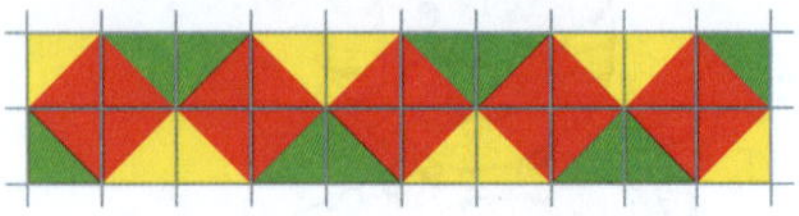

b

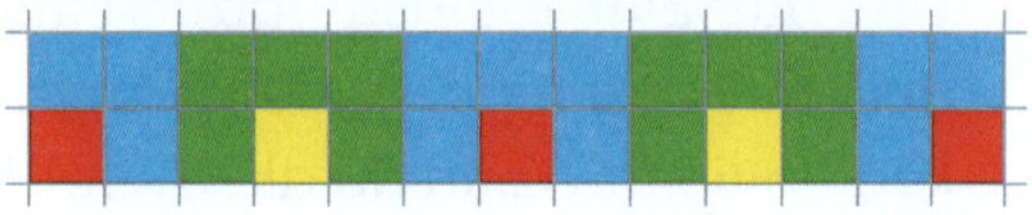

1–3 Zum Auslegen Einer (Beilage 1) verwenden

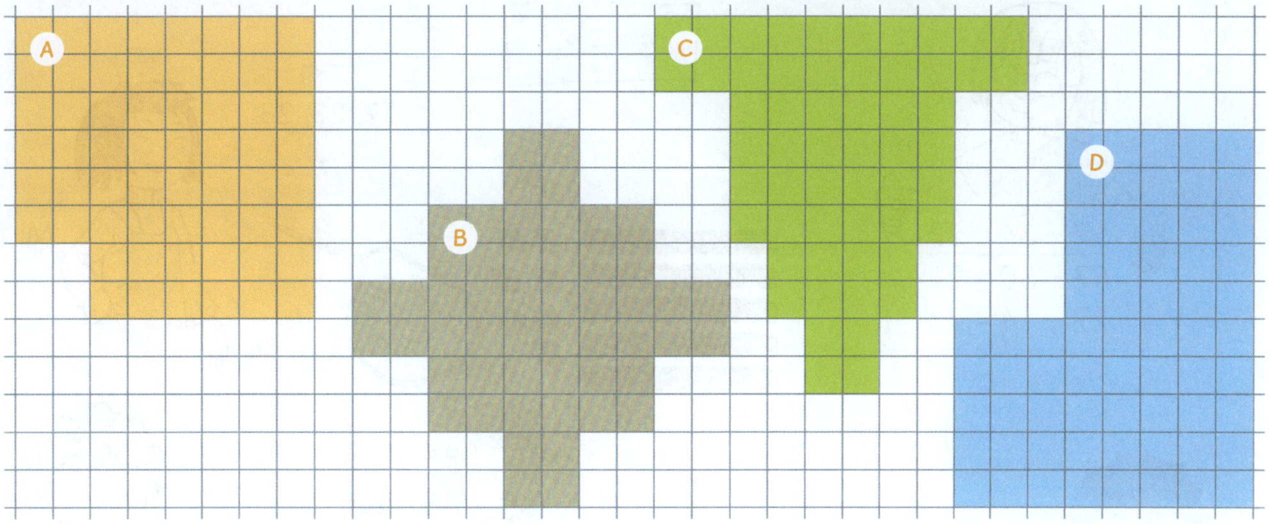

1 a)

Schätze, welche Fläche die größte, die zweitgrößte ... ist. Ordne.

b)

Zeichne die Flächen genau ab. Die Kästchen helfen dir.

c)

Aus wie vielen Kästchen besteht jede Fläche? Finde einen geschickten Weg, wie du das feststellen kannst. Überprüfe deine Schätzung von Aufgabe 1a).

2 a)

In diesem großen Rechteck findet ihr viele kleine Rechtecke. Schreibt zum großen Rechteck und zu jedem kleinen Rechteck eine Malaufgabe und löst sie.

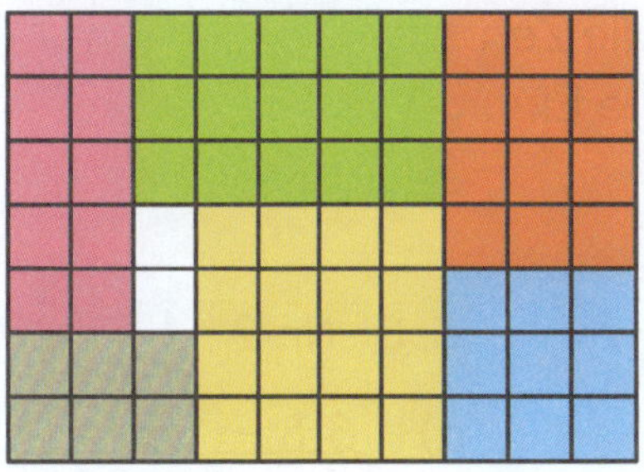

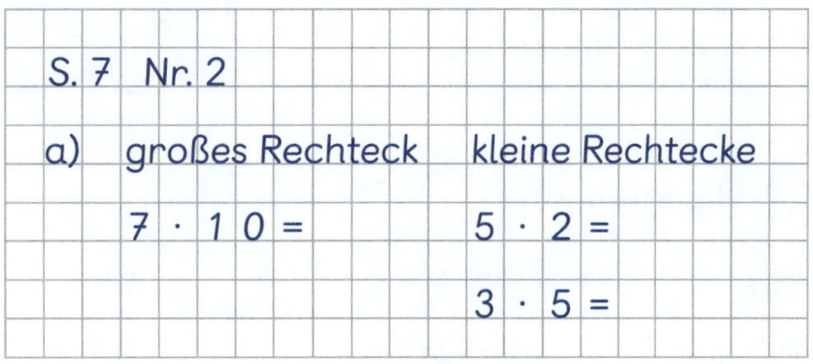

b)

Addiert nun alle Ergebniszahlen der kleinen Rechtecke. Was stellt ihr fest?

3 Mit welcher Kästchenanzahl kannst du Quadrate zeichnen? Probiere.

a)

16 Kästchen	28 Kästchen	9 Kästchen	22 Kästchen	25 Kästchen

b)

Schreibe Malaufgaben zu den Quadraten. Was fällt dir auf?

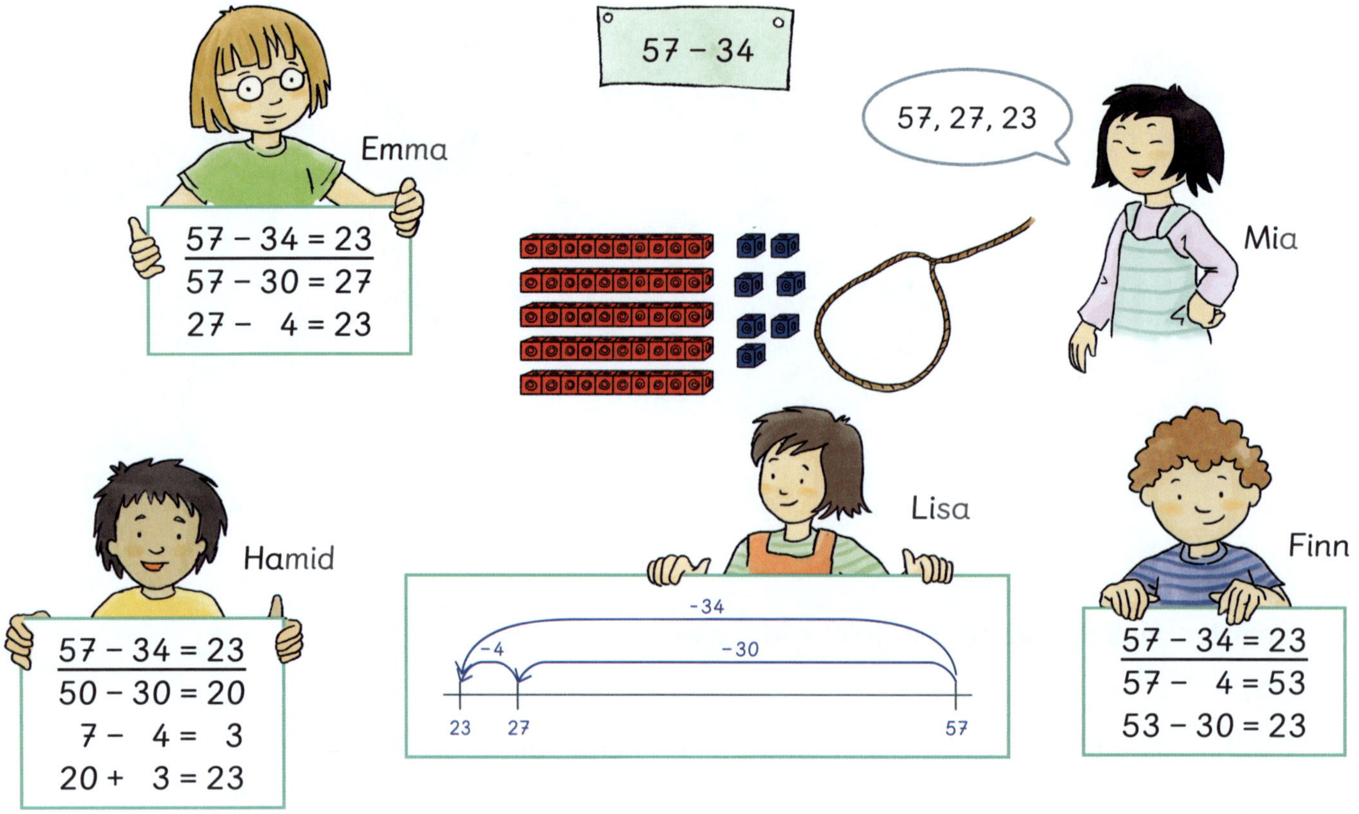

1 Wie rechnen die Kinder die Aufgabe 57 – 34? Erkläre. Die Wortstreifen helfen dir.

... am Zahlenstrich.

... im Kopf.

... die Zehner und die Einer getrennt.

... zuerst minus die Einer, dann minus die Zehner.

... zuerst minus die Zehner, dann minus die Einer.

2 Rechne wie die Kinder.

a) Emma
68 – 15 =
73 – 32 =

b) Finn
59 – 36 =
64 – 12 =

c) Lisa
97 – 72 =
36 – 24 =

d) Hamid
46 – 21 =
85 – 44 =

e) Mia
75 – 41 =
89 – 77 =

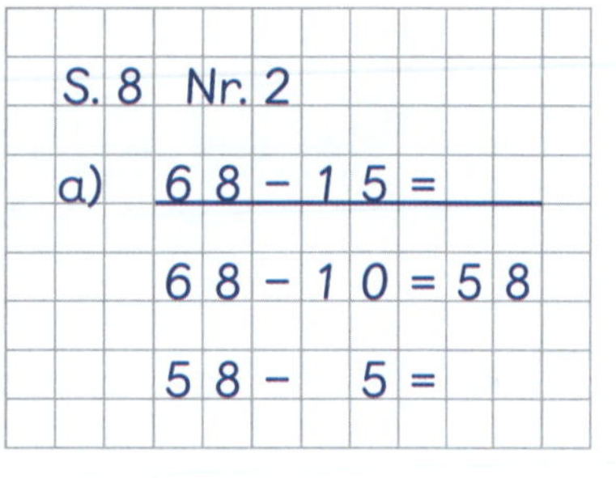

3 Rechne mit deinem Weg.

a)
36 – 23 =
76 – 42 =

b)
49 – 27 =
58 – 14 =

c)
65 – 43 =
87 – 55 =

d)
94 – 61 =
79 – 39 =

1 Verschiedene Rechenwege in einer Mathekonferenz untersuchen und nachvollziehen; ggf. eigenen Rechenweg beschreiben und rechnen

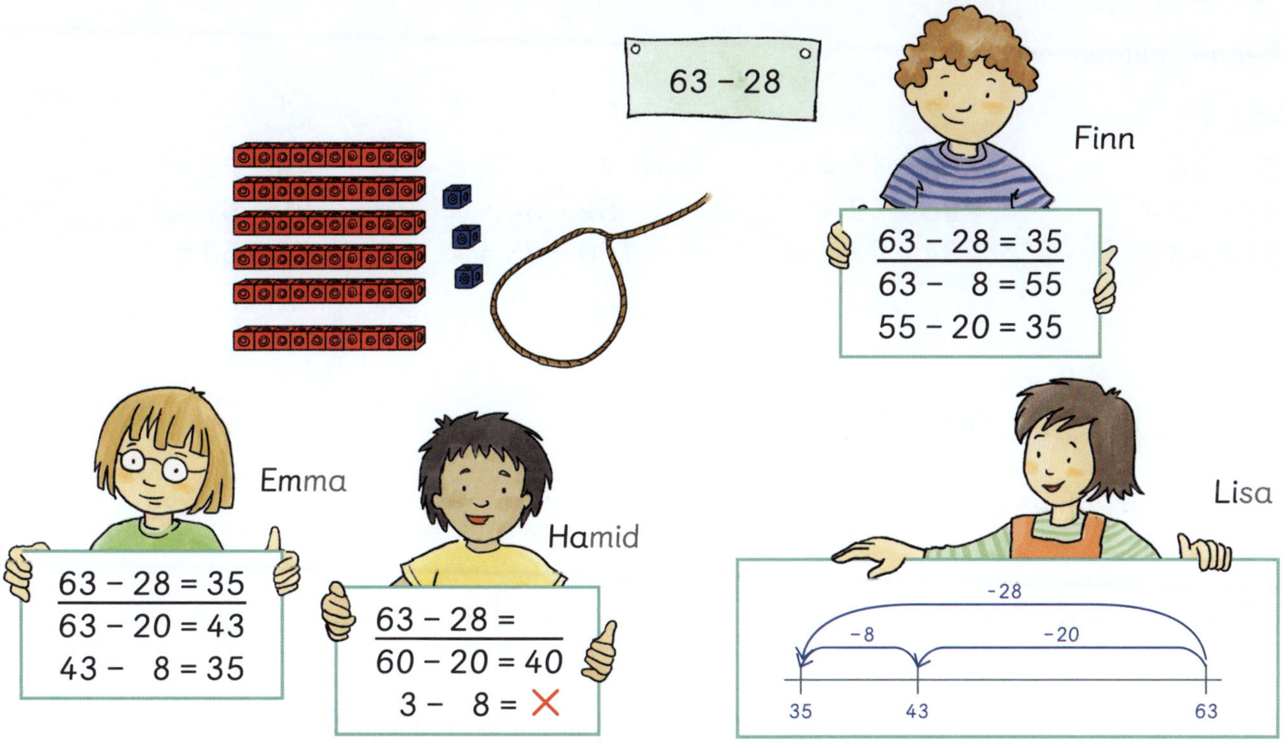

1 Beurteile die Rechenwege der Kinder.
Verwende diese Begriffe.

... ist sicherer als ...

... ist umständlich.

... geht nicht.

... dauert sehr lange.

2 Rechne wie die Kinder.

a) Emma
43 – 26 =
76 – 49 =

b) Finn
82 – 55 =
34 – 17 =

c) Lisa
53 – 19 =
72 – 27 =

3 Rechne mit deinem Weg.

a)
54 – 46 =
92 – 77 =

b)
45 – 29 =
86 – 63 =

c)
62 – 56 =
33 – 16 =

d)
85 – 68 =
56 – 36 =

4 Rechne mit dem Rechentrick von Luis.

a)
56 – 29 =
74 – 49 =
66 – 19 =
81 – 59 =

b)
93 – 79 =
42 – 39 =
58 – 29 =
75 – 69 =

1 Verschiedene Rechenwege in einer Mathekonferenz untersuchen und beurteilen; ggf. eigenen Rechenweg beschreiben und rechnen

1 Rechne mit deinem Weg.

a	b	c	d
84 – 26 = ▢	63 – 45 = ▢	71 – 46 = ▢	49 – 29 = ▢
42 – 19 = ▢	96 – 59 = ▢	52 – 34 = ▢	80 – 57 = ▢
51 – 48 = ▢	34 – 27 = ▢	100 – 23 = ▢	96 – 69 = ▢
3 23 48 58	7 17 18 37	15 18 25 77	20 23 27 29

2 14 22 37 65 76 88

Wähle zwei Zahlen aus und subtrahiere sie.

a) Das Ergebnis soll genau 11 sein.

b) Das Ergebnis soll kleiner als 20 sein.

c) Das Ergebnis soll zwischen 40 und 60 liegen.

d) Finde für 2c) alle Möglichkeiten. Wie viele sind es?

3 Schreibe Lösungsweg (L) und Antwort (A) auf.

a) Wie viele Besucher waren am Montag weniger im Streichelzoo als am Dienstag?

b) Wie viele Besucher waren am Samstag weniger im Streichelzoo als am Sonntag?

Besucherzahlen im Streichelzoo

Montag:	38
Dienstag:	65
Mittwoch:	26
Donnerstag:	19
Freitag:	41
Samstag:	77
Sonntag:	92

c) Für die Vorführung der Ziegen stehen 55 Stühle bereit. Am Montag waren alle Besucher in der Vorstellung. Wie viele Stühle blieben leer?

d) ? Erfinde Minusaufgaben mit den Zahlen aus dem Streichelzoo.

4 Richtig oder falsch? Verbessere die falschen Aufgaben.

a	b	c
73 – 58 = 16	64 – 39 = 25	90 – 44 = 64
73 – 50 = 23	64 – 9 = 55	90 – 40 = 50
23 – 8 = 16	55 – 30 = 25	50 – 4 = 46

Kleine und große Aufgaben

1 Rechne die kleine Aufgabe zuerst.

a	b	c
43 + 5 =	32 + 7 =	27 − 6 =
63 + 5 =	52 + 7 =	67 − 6 =
93 + 5 =	82 + 7 =	77 − 6 =

S. 11 Nr. 1
a) 43 + 5 =
3 + 5 = 8

Tauschaufgaben

2 Welche Aufgabe findest du leichter? Schreibe nur diese auf und rechne.

a	b	c	d
6 + 45 =	67 + 8 =	59 + 30 =	60 + 36 =
45 + 6 =	8 + 67 =	30 + 59 =	36 + 60 =

3 Rechne. Denke an die Tauschaufgabe.

a	b	c	d
9 + 25 =	3 + 57 =	40 + 37 =	45 + 50 =
4 + 88 =	5 + 46 =	20 + 71 =	62 + 30 =
7 + 19 =	8 + 34 =	50 + 28 =	14 + 60 =

Rechentrick mit 9

4 Rechne mit dem Rechentrick von Luis.

a	b
95 − 39 =	24 + 49 =
67 − 29 =	51 + 29 =
63 − 19 =	35 + 59 =
22 − 9 =	17 + 69 =

S. 11 Nr. 4
a) 95 − 39 =
95 − 40 = 55
55 + 1 =

Geschickt rechnen mit 3 Zahlen

5 Rechne geschickt im Kopf.

a	b	c
50 − 6 − 20 =	75 − 8 − 15 =	32 + 26 + 18 =
80 − 9 − 40 =	42 − 4 − 22 =	45 + 15 + 26 =
60 − 4 − 30 =	94 − 7 − 34 =	53 + 19 + 27 =

Rechentricks – Mal und geteilt

Tauschaufgaben

1 Welche Aufgabe findest du leichter? Schreibe nur diese auf und rechne.

a	b	c	d	e
6 · 2 = ☐	5 · 7 = ☐	3 · 10 = ☐	4 · 5 = ☐	2 · 8 = ☐
2 · 6 = ☐	7 · 5 = ☐	10 · 3 = ☐	5 · 4 = ☐	8 · 2 = ☐

2 Rechne. Denke an die Tauschaufgabe.

a	b	c	d	e
2 · 5 = ☐	7 · 2 = ☐	9 · 10 = ☐	5 · 6 = ☐	4 · 0 = ☐
10 · 6 = ☐	8 · 5 = ☐	3 · 2 = ☐	2 · 10 = ☐	5 · 9 = ☐
4 · 8 = ☐	6 · 4 = ☐	4 · 9 = ☐	7 · 1 = ☐	0 · 8 = ☐

Nachbaraufgaben

3 Finde zu jeder Malaufgabe zwei Nachbaraufgaben.

a	b	c	d
2 · 6 = ☐	5 · 8 = ☐	5 · 9 = ☐	10 · 4 = ☐
5 · 6 = ☐	2 · 7 = ☐	2 · 4 = ☐	10 · 6 = ☐

S. 12 Nr. 3
a) 2 · 6 = 12
1 · 6 =
3 · 6 =

4 Rechne. Denke an die Nachbaraufgabe.

a	b	c
4 · 4 = ☐	3 · 6 = ☐	9 · 9 = ☐
6 · 4 = ☐	4 · 6 = ☐	4 · 8 = ☐
9 · 4 = ☐	6 · 6 = ☐	6 · 4 = ☐

Verdopplungsaufgaben

5 Löse die Aufgaben durch Verdoppeln einer leichten Aufgabe.

a	b	c	d
4 · 6 = ☐	4 · 5 = ☐	4 · 4 = ☐	8 · 4 = ☐
4 · 9 = ☐	4 · 2 = ☐	4 · 7 = ☐	6 · 4 = ☐
4 · 3 = ☐	4 · 8 = ☐	4 · 0 = ☐	9 · 4 = ☐

S. 12 Nr. 5
a) 4 · 6 =
2 · 6 = 12

Umkehraufgaben

6 Löse die Aufgaben mit der Umkehraufgabe.

a	b	c
☐ : 6 = 4	☐ : 5 = 2	☐ : 7 = 3
☐ : 6 = 7	☐ : 8 = 3	☐ : 6 = 6
☐ : 6 = 5	☐ : 9 = 4	☐ : 7 = 8

S. 12 Nr. 6
a) ☐ : 6 → 4
4 · 6 → ☐

3–5 Ggf. Einmaleinstabelle verwenden

1 An der Waldschule wird ein Theaterstück aufgeführt. Erzähle.

2 Schreibe Lösungsweg (L) und Antwort (A) auf.

a) Es kommen 86 Kinder und 9 Erwachsene zu der Vorstellung. Wie viele Zuschauer sind es insgesamt?

b) Der Hausmeister hat 64 Stühle aufgestellt. Wie viele Kinder sitzen auf Matten?

c) In einer Reihe stehen 8 Stühle. Wie viele Reihen gibt es?

d) Der Eintritt für die Erwachsenen ist 4 € teurer als für die Kinder. Wie viel Euro bezahlen die Erwachsenen insgesamt?

3 Erfinde Aufgaben zum Schultheater für deinen Partner.

?

4 Kann das stimmen? Überlege mit deinem Partner.

S. 13 Nr. 4
a) kann stimmen
b)

a) Die Lehrerin sagt: „In meiner 1. Klasse sind 25 Kinder."

b) Linus behauptet: „Die meisten Kinder haben keine Stühle zum Sitzen."

c) Die Rektorin meint: „Wenn heute kein Kind krank wäre, dann wären wir über 100 Personen."

d) Mara sagt: „In meiner Klasse sind 25 Kinder. Wir brauchen genau 3 Stuhlreihen."

Würfelgebäude und Baupläne

1 Mascha hat mit Steckwürfeln Körper gebaut.

a) Wie heißen die Körper?

b) Für welchen Körper benötigt Mascha die meisten Steckwürfel? Schätze.

c) Finde die genaue Anzahl der Steckwürfel bei jedem Körper heraus. Wie gehst du vor? Vergleiche mit dem Ergebnis von Aufgabe 1b).

d) Baue die Körper zur Kontrolle nach.

2 Baue Quader. Vergleiche mit deinem Partner. Was stellst du fest?

a) 12 Würfel b) 16 Würfel c) 18 Würfel d) 20 Würfel

3 Mascha hat einen Bauplan zu einem Körper aus Aufgabe 1 gezeichnet.

a) Finde heraus, zu welchem Körper der Bauplan passt. Erkläre.

2	2	2
2	2	2

b) Zeichne einen Bauplan zu einem anderen Körper aus Aufgabe 1.

c) ? Baue Gebäude und zeichne Baupläne.

Würfelgebäude – Ansichten

1 a) Baut das Würfelgebäude nach und betrachtet es von verschiedenen Seiten.

b) Welche Ansicht ist von vorn, von hinten, von links und von rechts?

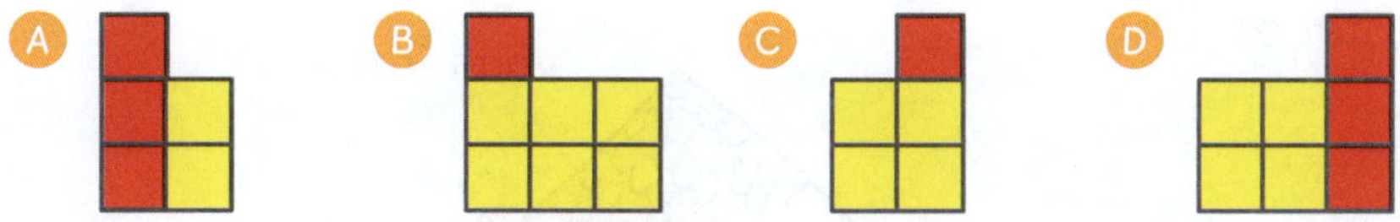

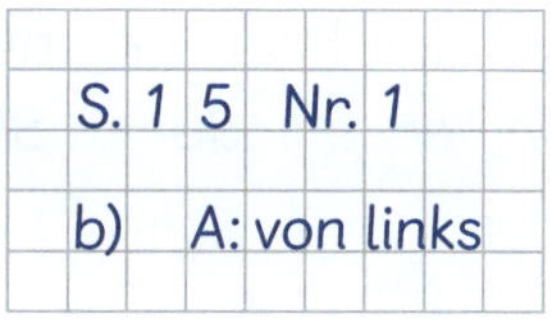

2 a) Baut das Würfelgebäude nach und betrachtet es von verschiedenen Seiten.

b) Zeichnet die Ansichten von vorn, von hinten, von links und von rechts.

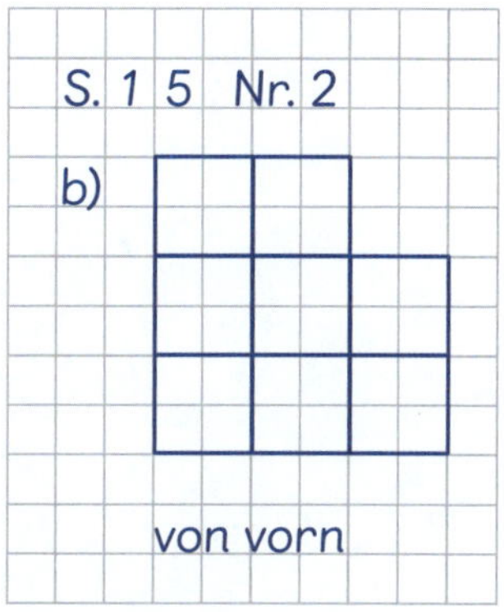

3 Baue weitere Körper und zeichne Ansichten.

?

4 Schreibe nur die Aufgaben auf. Wie geht es weiter?

5 Steckwürfel

5 + 4 = 9
9 Steckwürfel

5 + 4 + 3 = ▢
▢ Steckwürfel

1 Der Künstler Gerhard Schwarz hat ein Haus aus Ton geformt.

a

Beschreibe das Haus.
Welche Formen kannst du entdecken?

b

Gerhard Schwarz hat Bilder von seinem Haus erstellt.
Beschreibe.

A 

B 

C 

D 

2 Baut ein Haus und betrachtet es von verschiedenen Seiten.

3 Lara hat Ansichten des Hauses gezeichnet.
Von welcher Seite hat sie das Haus gezeichnet?

a 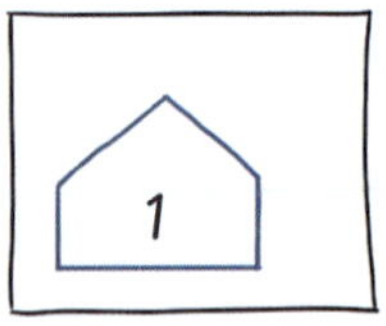

b 

c 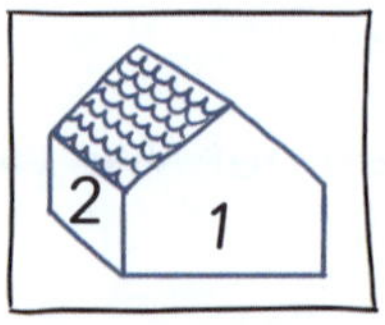

d 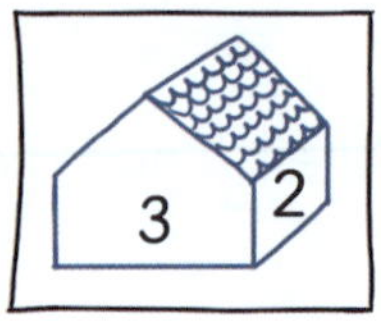

4 Zeichne die Ansichten des Hauses von hinten und von rechts ins Heft.

5 Betrachte das Haus von oben. Zeichne die Ansicht ins Heft.

2 Kopiervorlage (Bastelbogen zum Haus) verwenden
3c, d Begriffe „von schräg links vorne" bzw. „von schräg links hinten" verwenden

1 Es gibt 7 Würstchen. Ben, Mia und Finn sollen gleich viele bekommen.

a) Spielt die Rechengeschichten mit Steckwürfeln. Was stellt ihr fest?

b) Spielt eure Lösung der Klasse vor und vergleicht.

2 Spielt die Rechengeschichten. Wie viele bekommt jeder? Wie viele bleiben übrig?
Schreibt Lösungsweg (L) und Antwort (A) auf.

a) 13 Luftballons an 5 Kinder

b) 14 Kekse an 4 Kinder

c) 20 Lose an 6 Kinder

S. 17 Nr. 2
a) L: 13 : 5 = 2 Rest 3
A: Jeder bekommt 2 Ballons,
3 Ballons bleiben übrig.

3 Wie viele bekommt jeder? Wie viele bleiben übrig?
Finde einen Lösungsweg (L) mit Punktebild und Geteiltaufgabe.
Schreibe Kontrolle (K) und Antwort (A) auf.

a) 14 Karten an 3 Kinder

b) 25 Murmeln an 10 Kinder

c) 16 Stifte an 5 Kinder

S. 17 Nr. 3
a) L:
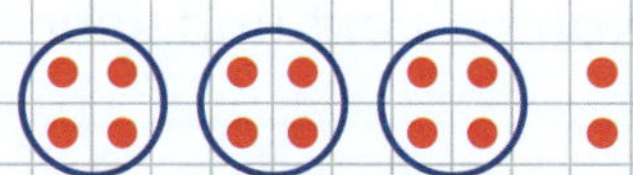
14 : 3 = 4 Rest 2
K: 3 · 4 = 12 12 + 2 = 14
A: Jeder bekommt ___ Karten, ___ bleiben übrig.

4 Zeichne ein Punktebild und löse die Geteiltaufgabe. Kontrolliere mit der Umkehraufgabe.

a) 9 : 4 = ☐ b) 11 : 6 = ☐ c) 28 : 8 = ☐ d) 17 : 5 = ☐

Übt Geteiltaufgaben mit Rest an verschiedenen Stationen.

1 Spielt die Rechengeschichten. Schreibt eine passende Geteiltaufgabe und eine Kontrolle (K) auf.

25 Murmeln in 3 Säckchen verteilen

15 Bälle, immer 4 in eine Dose

S. 18 Nr. 1
Salamander:
25 : 3 = 8 Rest 1
K: 3 · 8 = 24   24 +

2 Erzähle deinem Partner eine Rechengeschichte zum Bild oder zur Geteiltaufgabe. Spielt sie mit Steckwürfeln nach. Schreibt Lösungsweg (L), Kontrolle (K) und Antwort (A) auf.

27 : 5

23 : 5

18 : 8

16 : 7

3 Richtig oder falsch? Kontrolliert und schreibt die richtige Aufgabe auf.

14 : 4 = 3 Rest 1

32 : 5 = 6 Rest 2

12 : 8 = 1 Rest 2

42 : 10 = 4 Rest 2

17 : 2 = 7 Rest 3

30 : 7 = 4 Rest 3

S. 18 Nr. 3
Affe:
14 : 4 = 3 Rest 1 ✗
K: 3 · 4 = 12   12 + 1 = 13
14 : 4 = 3 Rest 2

1–3 Die Aufgaben sind Beispiele für Stationen;
weitere Stationen, Kopiervorlagen und Stationenplan siehe Handbuch

1 Die 21 Kinder der Klasse 2a möchten auf dem Wildsee Tretboot fahren. Sie haben 3 verschiedene Bootstypen zur Auswahl. Wie viele Boote brauchen die Kinder, wenn alle …

a mit dem Tretboot Typ A fahren?

b mit dem Tretboot Typ B fahren?

c mit dem Tretboot Typ C fahren?

S. 19 Nr. 1

a) L: (●●) (●●) (●●) (●●) (●●) (●●) (●●) (●●) (●●) (●●) ●

21 : 2 = 10 Rest 1

K: 10 · 2 = 20   20 + 1 = 21

A: Sie brauchen ___ Boote.

2 Die beiden Lehrerinnen möchten auch mitfahren. Wie viele Boote braucht die Klasse nun …

a vom Tretboot Typ A?   b vom Tretboot Typ B?   c vom Tretboot Typ C?

3 Teile die Klasse und ihre Lehrerinnen (23 Personen) so auf, dass jedes Boot voll besetzt ist. Finde mehrere Möglichkeiten.

4 Die Klasse hat 6 Tretboote Typ C für eine Stunde gemietet. Wie viel Euro müssen sie bezahlen?

5 Erfinde weitere Aufgaben für deinen Partner. Verwende Zahlen aus deiner Klasse.
?

6 Setze fort, soweit du kannst.

a
20 : 5 = ▢
21 : 5 = ▢
22 : 5 = ▢

b
12 : 4 = ▢
13 : 4 = ▢
14 : 4 = ▢

c
20 : 2 = ▢
19 : 2 = ▢
18 : 2 = ▢

d
15 : 3 = ▢
14 : 3 = ▢
13 : 3 = ▢

1 Löse die Malaufgaben. Nutze wenn nötig Rechentricks.

a)
$2 \cdot 7 =$
$5 \cdot 7 =$
$0 \cdot 7 =$

b)
$7 \cdot 10 =$
$7 \cdot 6 =$
$7 \cdot 4 =$

c)
$4 \cdot 9 =$
$10 \cdot 5 =$
$6 \cdot 6 =$

d)
$3 \cdot 8 =$
$9 \cdot 7 =$
$2 \cdot 1 =$

e)
$3 \cdot 5 =$
$8 \cdot 8 =$
$10 \cdot 1 =$

2

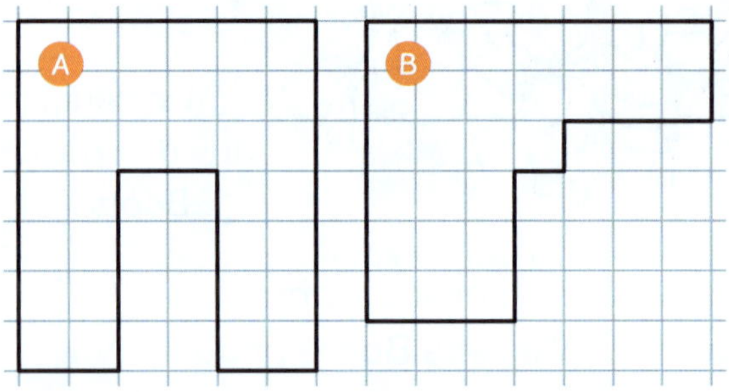

a) Zeichne die Flächen genau ab.
Die Kästchen helfen dir.

b) Aus wie vielen Kästchen besteht jede Fläche?
Welche Fläche ist größer?

3 Rechne mit deinem Weg.

a)
$77 - 35 =$
$64 - 23 =$

b)
$52 - 13 =$
$46 - 27 =$

c)
$95 - 77 =$
$83 - 15 =$

d)
$53 - 29 =$
$78 - 19 =$

4 Schreibe zu jeder Aufgabe Lösungsweg (L) und Antwort (A) auf.

a) Zum Schultheater kommen 78 Kinder und 7 Erwachsene.
Wie viele Stühle müssen aufgestellt werden?

b) Für die Erwachsenen kostet der Eintritt 5 €.
Wie viel Euro bezahlen sie insgesamt?

5 Aus wie vielen Steckwürfeln besteht jeder Körper?

6 Finde einen Lösungsweg (L) mit Punktebild und Geteiltaufgabe.
Schreibe eine Kontrolle (K) und eine Antwort (A) auf.

a) Mia verteilt 23 Muscheln an 3 Kinder.
Wie viele Muscheln bekommt jedes Kind?

b) Tom verteilt 13 Nüsse an 4 Kinder.
Wie viele Nüsse bekommt jedes Kind?

Wichtige Aufgaben aus der siebten Einheit (Heft 4, S. 4–19) wiederholen;
Selbsteinschätzung: entsprechend dem Können der Aufgabe den passenden Smiley ins Heft malen

Forschen und Entdecken 7

1 Immer zwei Teile ergeben zusammen einen Würfel.
Finde heraus, welche zusammengehören.

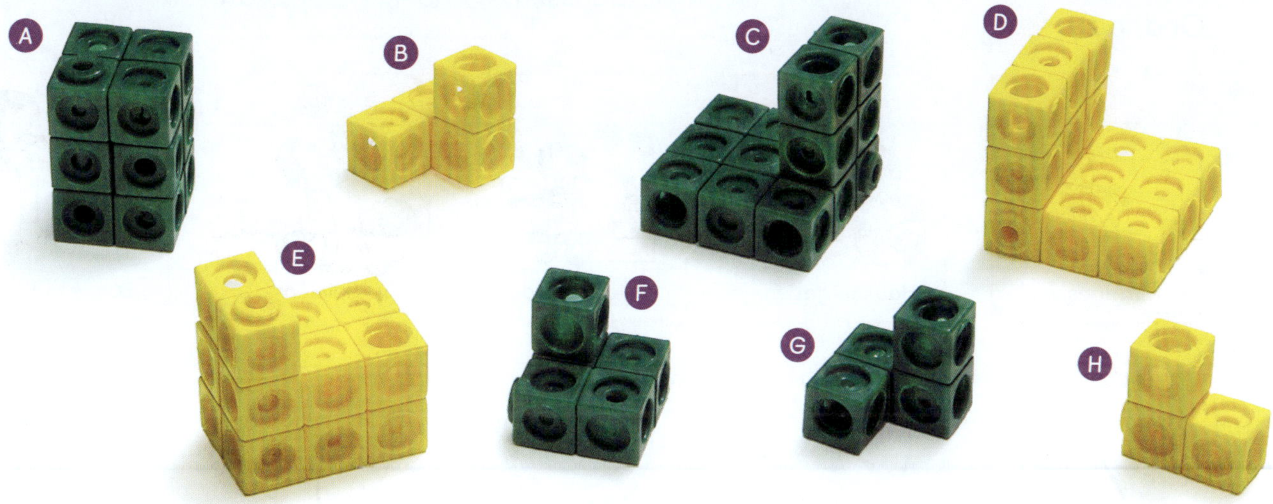

2 Ordne die Ansichten zu.

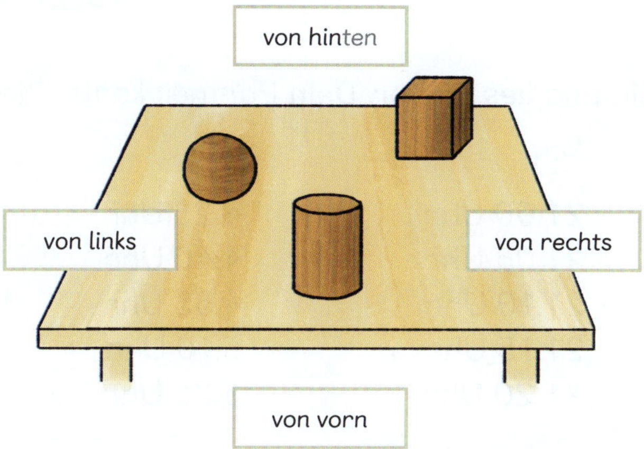

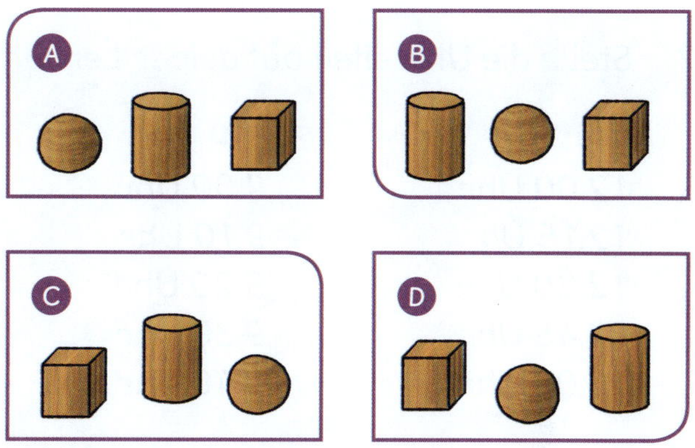

3 Setze die passenden Zahlen ein.
Bei jeder Aufgabe gilt: gleiches Zeichen bedeutet gleiche Zahl.

a
■ · ■ = 25
■ − ■ = 0

b
◆ + ◆ = 30
◆ − ◆ = ◆

c
▲ · ■ = 8
▲ : ■ = ■

d
● + ▲ = 24
● : ▲ = 5

4 Setze für die Buchstaben die Zahlen so ein, dass die Aufgaben stimmen.
Verwende dabei jede Zahl nur einmal.

a
24, 25, 26, 27, 50, 52
a + b = c
d − e = f

b
2, 2, 3, 6, 6, 12
g : h = i
j : k = l

c
0, 0, 1, 3, 3, 9
m · n = o
p · q = r

1 Zu Lisas Tätigkeiten passen immer zwei Uhrzeiten. Ordne zu.

S. 22 Nr. 1
Mittagessen: C und 4: 12.45 Uhr

Mittagessen

Hausaufgaben

Geigenstunde

Spielen

Zähne putzen

A

B

C

D

E

1 14:10 2 15:35 3 19:50 4 12:45 5 17:30

2 Stelle die Uhrzeiten auf deiner Lernuhr ein und lies sie vor. Dein Partner kontrolliert.

a	b	c	d
12.00 Uhr	9.00 Uhr	21.00 Uhr	4.25 Uhr
12.15 Uhr	9.10 Uhr	21.05 Uhr	4.40 Uhr
12.30 Uhr	9.20 Uhr	21.10 Uhr	4.55 Uhr
12.45 Uhr	9.30 Uhr	21.15 Uhr	5.10 Uhr
13.00 Uhr	9.40 Uhr	21.20 Uhr	5.25 Uhr

3 Schreibe beide Uhrzeiten auf.

a

b

c

d

e

4 Zeichne Uhren mit folgenden Uhrzeiten.

a 6.35 Uhr b 8.55 Uhr c 14.40 Uhr d 22.10 Uhr

5

a	b	c	d
18 : 6 = ▢	45 : 9 = ▢	20 : 3 = ▢	55 : 8 = ▢
40 : 8 = ▢	25 : 5 = ▢	40 : 7 = ▢	77 : 9 = ▢

2 Lernuhr (Beilage 5) verwenden
4 Ggf. Kopiervorlage verwenden

MATHETIGER

2

Mein Arbeitsplan

Mildenberger

Liebe Lehrerinnen und Lehrer,

in diesem Heft finden Sie die **Arbeitspläne** und **Kompetenzübersichten** zu allen Lerneinheiten der MATHETIGER 2 Heftausgabe. Sie sind ein sehr gutes, erprobtes Hilfsmittel zur Dokumentation des individuellen Arbeits- und Leistungsfortschritts jedes Kindes und somit unentbehrlich für einen differenzierten und individualisierten Mathematikunterricht.

Die **Arbeitspläne** werden von den Schülerinnen und Schülern selbstständig bearbeitet. Die Tabelle bietet eine klar strukturierte Übersicht über die einzelnen Lernpakete der Heftausgabe und die dazu passenden Übungs- und Vertiefungsmöglichkeiten im Arbeitsheft und im Rechentiger. Ausführliche Hinweise zum Umgang mit den Arbeitsplänen finden Sie im Handbuch Teil A.

Eine kurze Anleitung zum Ausfüllen des Arbeitsplans ist im Folgenden dargestellt:

Pflichtseiten (gelb)
Die Aufgabennummern werden vom Kind angekreuzt, wenn sie erledigt sind. Sind alle Aufgaben einer Seite gelöst, darf das Kind die Seitenzahl ankreuzen.

Hier können weitere Materialien zum individuellen Fördern und Fordern eingetragen werden.

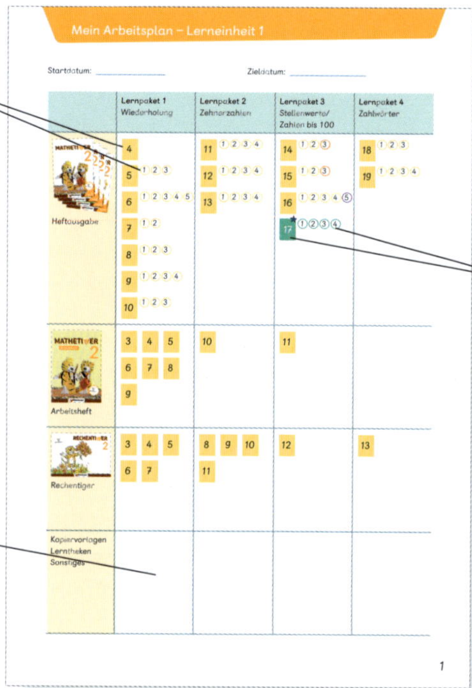

Wahlseiten (grün)
Die Aufgabennummern werden vom Kind angekreuzt, wenn sie erledigt sind. Sind alle Aufgaben einer Seite gelöst, darf das Kind die Seitenzahl ankreuzen.

Eine Übersicht zu den Titeln und Bestellnummern des MATHETIGER 2 finden Sie auf der letzten Umschlagseite.

Die **Kompetenzübersichten** spiegeln den aktuellen individuellen Leistungsstand des Kindes wider und dienen als Grundlage für die Entwicklungsgespräche zwischen Lehrern, Schülern und Eltern.

Die Kompetenzübersichten füllen Sie aus, nachdem die Schülerinnen und Schüler die jeweilige Lernkontrolle (diese sind im Handbuch Teil B zu finden) bearbeitet haben. Mithilfe von Smileys wird dargestellt, wie gut das Kind die jeweilige Kompetenz erreicht hat. Im Feld „Was ich noch üben muss" haben Sie die Möglichkeit zu notieren, welche Aufgaben das Kind noch üben muss. Unter „Bemerkung" können Sie dem Kind lernförderliche Hinweise geben.

Mein Arbeitsplan – Lerneinheit 1

Startdatum: ______________ Zieldatum: ______________

	Lernpaket 1 Wiederholung	Lernpaket 2 Zehnerzahlen	Lernpaket 3 Stellenwerte/ Zahlen bis 100	Lernpaket 4 Zahlwörter
 Heftausgabe	4 5 (1 2 3) 6 (1 2 3 4 5) 7 (1 2) 8 (1 2 3) 9 (1 2 3 4) 10 (1 2 3)	11 (1 2 3 4) 12 (1 2 3 4) 13 (1 2 3 4)	14 (1 2 3) 15 (1 2 3) 16 (1 2 3 4 5) 17 ★ (1 2 3 4)	18 (1 2 3) 19 (1 2 3 4)
 Arbeitsheft	3 4 5 6 7 8 9	10	11	
 Rechentiger	3 4 5 6 7	8 9 10 11	12	13
Kopiervorlagen Lerntheken Sonstiges				

Kompetenzübersicht – Lerneinheit 1

Nr. in LK 1	Kompetenz	☺	😐	☹
1	Ich kann Plus- und Minusaufgaben über den Zehner lösen.			
2	Ich kann Plus- und Minusaufgaben mit Zehnerzahlen lösen.			
3	Ich kann zu drei Zahlen vier Aufgaben finden und sie lösen.			
4	Ich kann Rechendreiecke mit Plusaufgaben lösen.			
5	Ich kann Zahlen bis 100 auf verschiedene Arten darstellen.			
6	Ich kann Sachaufgaben mit Geld lösen.			

Lernkontrolle 1: ______ von 38 Punkten

Was ich noch üben muss:

Bemerkung:

Datum: ____________________

Unterschrift Lehrerin: ____________________

Unterschrift Eltern: ____________________

Mein Arbeitsplan – Lerneinheit 2

Startdatum: ______________ Zieldatum: ______________

	Lernpaket 1 Rechnen mit Einerzahlen	Lernpaket 2 Längen messen	Lernpaket 3 Rechnen mit Zehnerzahlen	Lernpaket 4 Zahlenstrahl/ Zahlenfolgen	Lernpaket 5 Körper
 Heftausgabe	22 (1 2 3 4 5) 23 (1 2 3 4 5)	24 (1 2 3 4) 25 (1 2 3 4) 26 (1 2 3 4 5) 27 (1 2 3 4 5 6) 28 (1 2 3 4)	29 (1 2 3 4) 30 (1 2 3 4)	31 (1 2 3 4 5 6) 32 (1 2 3 4) 33 (1 2 3 4 5) 34★ (1 2 3 4)	35 (1 2 3) 36 (1 2 3 4 5 6) 37★ (1 2 3 4)
 Arbeitsheft	12	13 14	15 16	17	18
 Rechentiger	14	15	16 17	18 19 20	
Kopiervorlagen Lerntheken Sonstiges					

Kompetenzübersicht – Lerneinheit 2

Nr. in LK 2	Kompetenz	🙂	😐	🙁
1	Ich kann Plus- und Minusaufgaben mit Einerzahlen lösen.			
2	Ich kann Zahlen am Zahlenstrahl erkennen und ihre Vorgänger und Nachfolger bestimmen.			
3	Ich kann Zahlen am Zahlenstrahl erkennen und ihre Nachbarzehner bestimmen.			
4	Ich kann Strecken messen und die Gesamtlänge berechnen.			
5	Ich kann Strecken zeichnen.			
6	Ich kann Plus- und Minusaufgaben mit Zehnerzahlen lösen.			
7	Ich kann Körper benennen.			
8	Ich kenne die Eigenschaften von Körpern.			

Lernkontrolle 2: ______ von 36 Punkten

Was ich noch üben muss:

Bemerkung:

Datum: ____________________

Unterschrift Lehrerin: ____________________

Unterschrift Eltern: ____________________

Mein Arbeitsplan – Lerneinheit 3

Startdatum: ______________ Zieldatum: ______________

	Lernpaket 1 Lagebeziehungen	**Lernpaket 2** Hundertertafel	**Lernpaket 3** Plus- und Minusaufgaben/ Zahlenrätsel	**Lernpaket 4** Kalender/ Uhrzeiten
 Heftausgabe	4 ① ② ③ ④ ⑤ 5 ① ② ③ ④ ⑤ ⑥	6 ① ② ③ 7 ① ② ③ ④ ⑤ ⑥ 8 ① ② ③ ④ 9 ① ② ③ 10★ ① ②	11 ① ② ③ 12 ① ② ③ ④ 13 ① ② ③ ④ 14 ① ② ③ ④	15 ① ② ③ ④ ⑤ 16 ① ② ③ ④ 17 ① ② ③ ④ ⑤ ⑥ 18 ① ② ③ ④ ⑤ 19★ ① ② ③
 Arbeitsheft		19	20 21 22	23 24
 Rechentiger		21 22 23 24	25 26 27	28 29
Kopiervorlagen Lerntheken Sonstiges				

Kompetenzübersicht – Lerneinheit 3

Nr. in LK 3	Kompetenz	🙂	😐	🙁
1	Ich kann Zahlen in der Hundertertafel bestimmen.			
2	Ich kann Vorgänger und Nachfolger von Zahlen bestimmen.			
3	Ich kann zu beiden Nachbarzehnern rechnen.			
4	Ich kann Plus- und Minusaufgaben mit Einerzahlen lösen.			
5	Ich kann mit Einerzahlen über den Zehner rechnen.			
6	Ich kann zwei Uhrzeiten aufschreiben.			
7	Ich kann zu Uhrzeiten die Zeiger einzeichnen.			
8	Ich kann Wochentag und Datum bestimmen.			
9	Ich kann Zahlenrätsel mithilfe von Pfeilbildern lösen.			

Lernkontrolle 3: ______ von 33 Punkten

Was ich noch üben muss:

Bemerkung:

Datum: ____________________

Unterschrift Lehrerin: ______________________________

Unterschrift Eltern: ______________________________

Mein Arbeitsplan – Lerneinheit 4

Startdatum: ____________ Zieldatum: ____________

	Lernpaket 1 Muster	Lernpaket 2 Malaufgaben	Lernpaket 3 Einmaleins mit 10, 5 und 2	Lernpaket 4 Unser Geld/ Sachaufgaben	Lernpaket 5 Geobrett
 Heftausgabe	22 (1) (2) (3) 23 (1) (2) (3) (4)	24 (1) (2) (3) (4) 25 (1) (2) (3) (4) 26 (1) (2) (3) (4) 27 ★ (1) (2)	28 (1) (2) (3) (4) (5) (6) 29 (1) (2) (3) (4) (5) (6) (7) 30 (1) (2) (3) (4) (5) (6) 31 (1) (2) (3) (4)	32 (1) (2) (3) (4) (5) 33 (1) (2) (3) (4) 34 (1) (2) (3) 35 (4) (5) (6) (7) (8)	36 (1) (2) (3) (4) (5) (6) 37 (1) (2) (3) (4) (5) (6)
 Arbeitsheft		25 26 27 28	29 30 31	32	33
 Rechentiger	30	31 32 33	34 35 36 37	38	
Kopiervorlagen Lerntheken Sonstiges					

Kompetenzübersicht – Lerneinheit 4

Nr. in LK 4	Kompetenz	☺	😐	☹
1	Ich kann zu einem Bild eine Plus- und eine Malaufgabe finden.			
2	Ich kann zu einer Plusaufgabe ein Punktebild zeichnen und zwei Malaufgaben finden.			
3	Ich kann Tabellen zu Einmaleinsreihen lösen.			
4	Ich kann Einmaleinsaufgaben lösen und die Tauschaufgaben finden.			
5	Ich kann Geldbeträge bestimmen.			
6	Ich kann Sachaufgaben mit Geld lösen.			
7	Ich kann Sachaufgaben mit Rückgeld lösen.			

Lernkontrolle 4: ______ von 37 Punkten

Was ich noch üben muss:

Bemerkung:

Datum: ____________________

Unterschrift Lehrerin: ____________________

Unterschrift Eltern: ____________________

Startdatum: ____________ Zieldatum: ____________

	Lernpaket 1 Rechentricks/ Einmaleins mit 2, 4 und 8	**Lernpaket 2** Kernaufgaben/ Rechen-dreiecke	**Lernpaket 3** Daten sammeln	**Lernpaket 4** Muster	**Lernpaket 5** Geteilt-aufgaben/ Zahlenrätsel
 Heftausgabe	4 (1)(2)(3)(4)(5)(6) 5 (1)(2)(3)(4)(5)(6) 6 (1)(2)(3)(4)(5)(6) 7 (1)(2)(3)(4)(5)(6)(7)	8★ (1)(2)(3) 9 (1)(2)(3)(4)(5)	10 (1)(2)(3) 11 (1)(2)(3)(4)	12 (1)(2)(3)(4) 13 (1)(2)(3)(4)(5)	14 (1)(2)(3)(4) 15 (1)(2)(3) 16 (1)(2)(3)(4) 17 (1)(2)(3) 18★ (1)(2)(3) 19 (1)(2)(3)(4)
 Arbeitsheft	34 35 36	37		38	39 40 41
 Rechentiger	39 40 41 42 43	44 45		46	47 48 49 50 51 52
Kopiervorlagen Lerntheken Sonstiges					

Kompetenzübersicht – Lerneinheit 5

Nr. in LK 5	Kompetenz	☺	😐	☹
1	Ich kann zu einem Muster eine Plus- und eine Malaufgabe finden.			
2	Ich kann zu Plusaufgaben Malaufgaben finden.			
3	Ich kann Einmaleinsaufgaben mit 2, 4, 5, 8 und 10 lösen.			
4	Ich kann Rechendreiecke mit Malaufgaben lösen.			
5	Ich kann Geteiltaufgaben mithilfe eines Punktebildes lösen und mit der Umkehraufgabe kontrollieren.			
6	Ich kann Sachaufgaben mithilfe von Geteiltaufgaben lösen.			
7	Ich kann Pfeilbilder lösen.			
8	Ich kann Zahlenrätsel mithilfe von Pfeilbildern lösen.			

Lernkontrolle 5: ______ von 49 Punkten

Was ich noch üben muss:

Bemerkung:

Datum: ____________________

Unterschrift Lehrerin: ____________________

Unterschrift Eltern: ____________________

Mein Arbeitsplan – Lerneinheit 6

Startdatum: ______________ Zieldatum: ______________

	Lernpaket 1 Wahrschein- lichkeit	**Lernpaket 2** Einmaleins mit 3, 6 und 9/ Kombinatorik	**Lernpaket 3** Plusaufgaben	**Lernpaket 4** Messen	**Lernpaket 5** Sachaufgaben mit Skizzen
 Heftausgabe	22 ① ② ③ ④ 23 ★ ① ② ③ ④ ⑤	24 ① ② ③ ④ ⑤ ⑥ 25 ① ② ③ ④ ⑤ ⑥ 26 ① ② ③ ④ ⑤ ⑥ ⑦ 27 ① ② ③ ④ ⑤ ⑥ 28 ★ ① ② ③ ④ ⑤ 29 ① ② ③ ④	30 ① ② ③ 31 ① ② ③ ④ 32 ① ② ③ ④	33 ① ② ③ ④ ⑤ 34 ★ ① ② ③ ④ ⑤ ⑥ 35 ① ② ③ ④ ⑤	36 ① ② ③ 37 ① ② ③ ④
 Arbeitsheft		42 43 44 45 46	47	48	49
 Rechentiger		53 54 55 56 57 58 59	60 61	62	
Kopiervorlagen Lerntheken Sonstiges					

Kompetenzübersicht – Lerneinheit 6

Nr. in LK 6	Kompetenz	☺	😐	☹
1	Ich kann Tabellen mit Einmaleinsreihen lösen.			
2	Ich kann Einmaleinsaufgaben lösen.			
3	Ich kann Kombinatorik-Aufgaben lösen.			
4	Ich kann Plusaufgaben mit zweistelligen Zahlen lösen.			
5	Ich kann Strecken messen.			
6	Ich kann Figuren genau abzeichnen.			
7	Ich kann Sachaufgaben mit Skizzen lösen.			

Lernkontrolle 6: ______ von 47 Punkten

Was ich noch üben muss:

Bemerkung:

Datum: ____________________

Unterschrift Lehrerin: ____________________

Unterschrift Eltern: ____________________

Mein Arbeitsplan – Lerneinheit 7

Startdatum: ______________ Zieldatum: ______________

	Lernpaket 1 Einmaleins mit 7/ganzes Einmaleins	Lernpaket 2 Flächen vergleichen	Lernpaket 3 Minusaufgaben/ Rechentricks/ Sachaufgaben	Lernpaket 4 Würfelgebäude/ Ansichten	Lernpaket 5 Geteiltaufgaben mit Rest
 Heftausgabe	4: ① ② ③ ④ ⑤ ⑥ 5: ① ② ③ ④ ⑤	6: ① ② ③ ④ 7 ★: ① ② ③	8: ① ② ③ 9: ① ② ③ ④ 10: ① ② ③ ④ 11: ① ② ③ ④ ⑤ 12: ① ② ③ ④ ⑤ ⑥ 13: ① ② ③ ④	14: ① ② ③ 15: ① ② ③ ④ 16 ★: ① ② ③ ④ ⑤	17: ① ② ③ ④ 18 ★: ① ② ③ 19: ① ② ③ ④ ⑤ ⑥
 Arbeitsheft	50 51	52	53 54 55 56	57	58
 Rechentiger	63 64	65	66 67 68 69 70 71	72	73 74 75
Kopiervorlagen Lerntheken Sonstiges					

Kompetenzübersicht – Lerneinheit 7

Nr. in LK 7	Kompetenz	☺	😐	☹
1	Ich kann Malaufgaben lösen und wenn nötig Rechentricks anwenden.			
2	Ich kann die Größe von Flächen bestimmen.			
3	Ich kann ein Quadrat mit vorgegebener Kästchenanzahl zeichnen und eine Malaufgabe dazu finden.			
4	Ich kann Minusaufgaben mit zweistelligen Zahlen lösen.			
5	Ich kann Sachaufgaben mit Plus- und mit Malaufgaben lösen.			
6	Ich kann bestimmen, aus wie vielen Würfeln ein Körper besteht.			
7	Ich kann Geteiltaufgaben mit Rest mithilfe eines Punktebildes lösen und mit der Umkehraufgabe kontrollieren.			

Lernkontrolle 7: ______ von 40 Punkten

Was ich noch üben muss:

Bemerkung:

Datum: ____________________

Unterschrift Lehrerin: ____________________

Unterschrift Eltern: ____________________

Startdatum: ____________________ Zieldatum: ____________________

	Lernpaket 1 Zeitpunkte/ Zeitspannen	**Lernpaket 2** Kombinatorik/ Sachaufgaben	**Lernpaket 3** Senkrecht und parallel/ Kreise	**Lernpaket 4** 3 Zahlen – 4 Aufgaben/ Ungleichungen
 Heftausgabe	22 (1) (2) (3) (4) (5) 23 (1) (2) (3) (4) 24 (1) (2) (3) (4) (5)	25 (1) (2) (3) (4) 26 (1) (2) 27 (3) (4) (5) (6) (7) (8) (9) (10)	28 (1) (2) (3) (4) 29 (1) (2) (3) (4) (5)	30 (1) (2) (3) (4) (5) 31 (1) (2) (3) (4) (5)
 Arbeitsheft	59 60	61	62	63
 Rechentiger	76 77	78 79	80	
Kopiervorlagen Lerntheken Sonstiges				

Kompetenzübersicht – Lerneinheit 8

Nr. in LK 8	Kompetenz	☺	😐	☹
1	Ich kann Plus- und Minusaufgaben mit zweistelligen Zahlen lösen.			
2	Ich kann Einmaleinsaufgaben lösen.			
3	Ich kann Geteiltaufgaben lösen und mit der Umkehraufgabe kontrollieren.			
4	Ich kann Zahlenrätsel mithilfe von Pfeilbildern lösen.			
5	Ich kann Rechendreiecke mit Malaufgaben lösen.			
6	Ich kann Strecken messen und die Gesamtlänge berechnen.			
7	Ich kann Rechtecke nach Vorgabe zeichnen.			
8	Ich kann zu Uhrzeiten die Zeiger einzeichnen.			
9	Ich kann Zeitspannen berechnen.			
10	Ich kann passende Größen in Sätze einsetzen.			
11	Ich kann Sachaufgaben mit Rückgeld lösen.			
12	Ich kann Sachaufgaben mithilfe einer Skizze lösen.			

Lernkontrolle 8: ______ von 55 Punkten

Was ich noch üben muss:

Bemerkung:

Datum: ____________________

Unterschrift Lehrerin: ____________________

Unterschrift Eltern: ____________________

Zum Lehrgang gehören:

Mathetiger 2 Buchausgabe mit Beilagen, Arbeitsplan und CD-ROM Mathetiger Basic 2	Bestell-Nr. 2506-60
Mathetiger 2 Heftausgabe mit Beilagen, Arbeitsplan und CD-ROM Mathetiger Basic 2	Bestell-Nr. 2506-20
Mein Arbeitsplan 2 (zu 2506-60), gesondert lieferbar, VPE 10 Stück	Bestell-Nr. 2506-61
Mein Arbeitsplan 2 (zu 2506-20), gesondert lieferbar, VPE 10 Stück	Bestell-Nr. 2506-21
Arbeitsbeilagen (zu 2506-20 und 2506-60), gesondert lieferbar	Bestell-Nr. 2506-22
Arbeitsheft 2	Bestell-Nr. 2506-27
Handbuch (Teil A)	Bestell-Nr. 2506-23
Handbuch (Teil B)	Bestell-Nr. 2506-24
Transparentfolien, inkl. PDF der Folien auf CD-ROM	Bestell-Nr. 2506-25
Rechentiger 2	Bestell-Nr. 2506-26
MATHETIGER 1/2, Klassenversion für 1. und 2. Klasse, Einzellizenz	Bestell-Nr. 1503-10

Bestell-Nr. 2506-21, ISBN 978-3-619-25621-1
© 2017 Mildenberger Verlag GmbH, 77652 Offenburg

www.mildenberger-verlag.de
E-Mail: info@mildenberger-verlag.de

Auflage 4 3 2 1
Jahr 2020 2019 2018 2017

Das Werk und seine Teile sind urheberrechtlich geschützt. Jede Nutzung in anderen als den gesetzlich zugelassenen Fällen bedarf der vorherigen schriftlichen Einwilligung des Verlages. Hinweis zu § 52a UrhG: Weder das Werk noch seine Teile dürfen ohne eine solche Einwilligung eingescannt und in ein Netzwerk eingestellt werden. Dies gilt auch für Intranets von Schulen und sonstigen Bildungseinrichtungen.

Illustrationen: tiff.any GmbH/Jacqueline Urban (Figur „Mathetiger" nach einer Idee von Judith Heusch)
Layoutkonzeption: Moritz Lang – Büro für Gestaltung, Offenburg
Gestaltung und Satz: tiff.any GmbH, Berlin
Druck: Kern GmbH, Bexbach

Gedruckt auf umweltfreundlichen Papieren

Mathetiger 2 · Bestell-Nr. 2506-20 · ISBN 978-3-619-25620-4
bestehend aus 4 Heften, Beilagen, CD-ROM und **Arbeitsplan** (2506-21)

1 Wie viel Zeit ist vergangen? Zeige an der Lernuhr.

2 Wie viel Zeit ist vergangen? Schreibe auf.

Stunden = h
Minuten = min

a
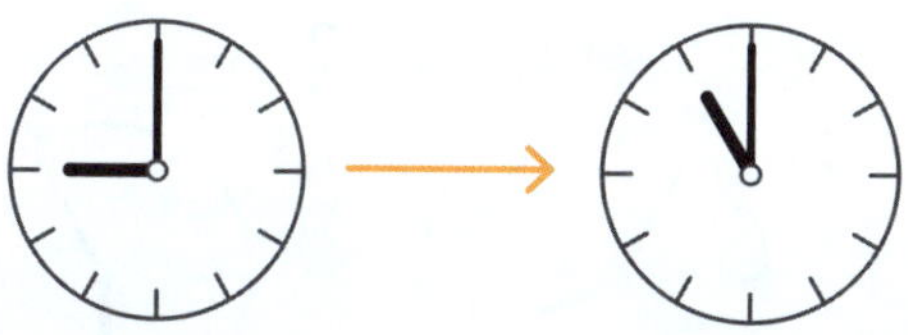

S. 23 Nr. 2
a) 9.00 Uhr —2 h→ 11.00 Uhr

b
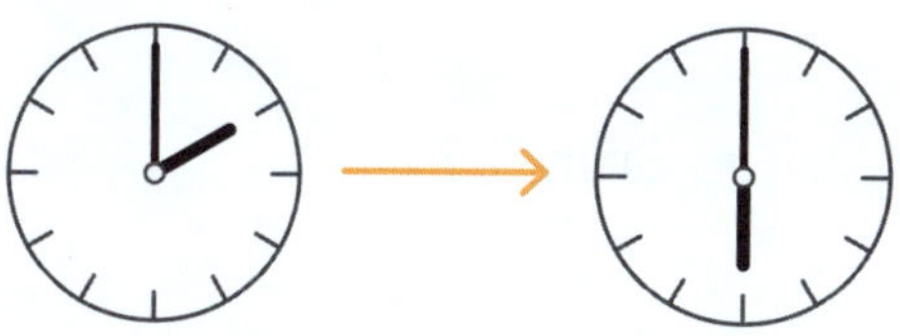

c
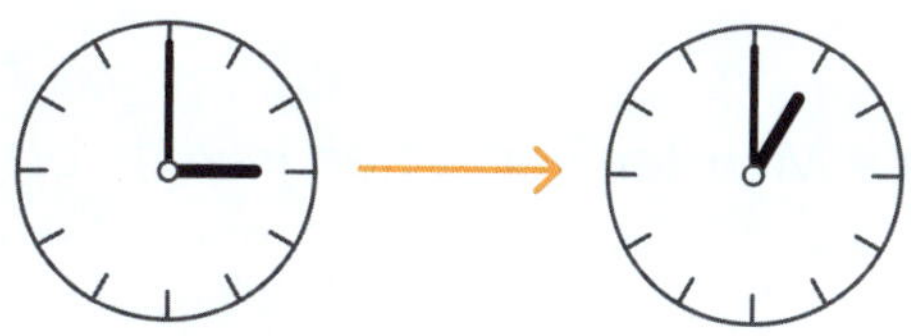

d
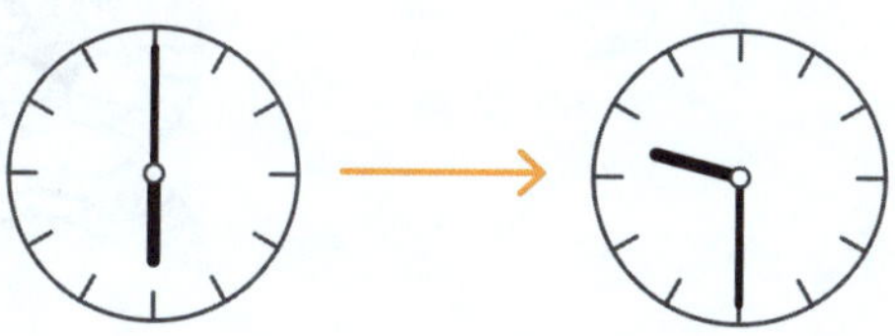

e
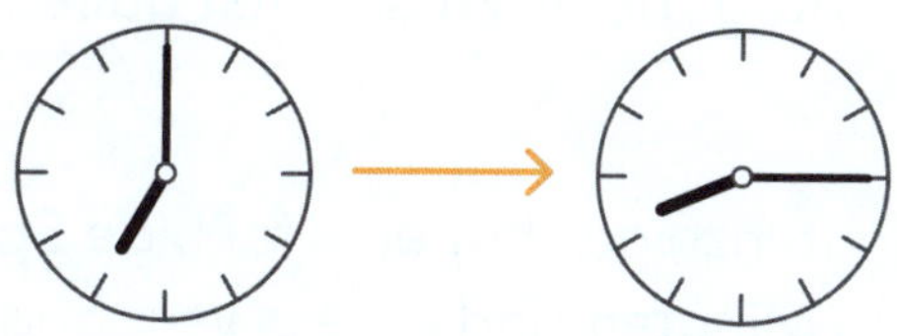

3 Wie spät ist es? Schreibe wie in Aufgabe 2.

a

b

c

4 Schreibe Frage (F), Lösungsweg (L) und Antwort (A) auf.

a
Das Kinderturnen beginnt um 15.00 Uhr.
Es dauert 2 Stunden.

b
Die Wanderung beginnt um 9.00 Uhr
und endet um 13.00 Uhr.

1–4 Lernuhr (Beilage 5) verwenden

Zeitspannen

1 Wie lange dauert es ungefähr? Ordne zu.

A 
Schulstunde

B 
Fußballtraining

C 
50-m-Lauf

D 
Die Sendung mit der Maus

| 30 Minuten | 1 Stunde | 45 Minuten | 10 Sekunden |

2 Finde weitere Tätigkeiten und schreibe auf, wie lange sie dauern.

3 a) Wie viele Minuten sind seit der letzten vollen Stunde jeweils vergangen?

b) Wie viele Minuten vergehen jeweils bis zur nächsten vollen Stunde?

c) Addiere bei jeder Uhr das Ergebnis von Aufgabe a) und von Aufgabe b). Was stellst du fest?

4 Der Minutenzeiger hat eine farbige Spur hinterlassen. Wie viele Minuten sind jeweils vergangen?

a) b) c) d) e)

5 Immer zwei Kärtchen gehören zusammen. Schreibe sie ins Heft.

| 15 Minuten | eine Stunde | 45 Minuten | eine halbe Stunde |
| eine Viertelstunde | 60 Minuten | eine Dreiviertelstunde | 30 Minuten |

3 Ggf. Lernuhr (Beilage 5) verwenden

1 Mara hat 3 Steckwürfel in den Farben Blau, Gelb und Rot. Damit baut sie Türme.

a) Wie viele verschiedene 3er-Türme kann Mara bauen? Zeichne alle Möglichkeiten auf.

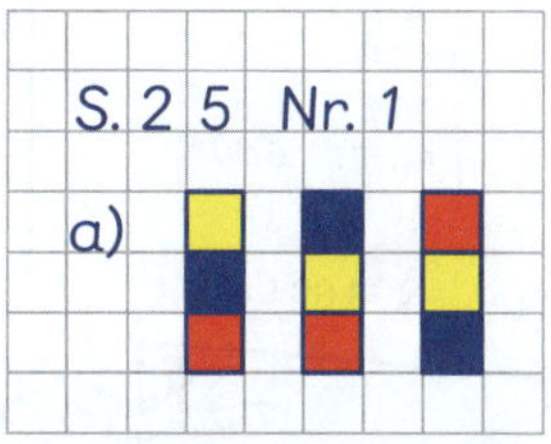

b) Erkläre, wie du vorgegangen bist. Begründe, warum es nicht mehr Möglichkeiten gibt.

2 Mara tauscht den roten Steckwürfel gegen einen blauen Steckwürfel. Sie hat jetzt 2 blaue und einen gelben Steckwürfel.

a) Hat sie nun mehr oder weniger Möglichkeiten für die Türme? Begründe deine Vermutung.

b) Zeichne alle Möglichkeiten auf und überprüfe deine Vermutung.

3 Mara nimmt noch einen gelben Steckwürfel dazu. Sie hat jetzt 2 blaue Steckwürfel und 2 gelbe Steckwürfel.

Mara baut 4er-Türme. Welche Türme fehlen? Zeichne.

4 Mara behauptet: „Mit 3 gelben und einem blauen Steckwürfel gibt es nur 4 verschiedene 4er-Türme." Stimmt das? Überprüfe.

1 a

Im Vergnügungspark gibt es viel zu entdecken. Erzähle.

b ?

Erfindet Aufgaben zum Vergnügungspark und schreibt sie auf.
Die Satzstreifen können euch helfen.

In einen Wagen bei der Achterbahn passen 6 Personen.

Familie Seidel hat Hunger und Durst.

Familie Sagner kommt um 11.00 Uhr in den Park.

Frau Meier sagt zu ihren 3 Kindern: „Wir geben nicht mehr als 50 € aus."

c

Tauscht eure Aufgaben aus. Schreibt Lösungsweg (L) und Antwort (A) auf.

2 Finde Rechengeschichten im Bild oben, die zu diesen Aufgaben passen.

a 3 € + 4 € = ▢   b 9 · 2 € = ▢   c 28 : 4 = ▢

Schreibe Frage (F), Lösungsweg (L) und Antwort (A) auf.

3 Claudio und sein Freund Ben fahren 2-mal mit der Wildwasserbahn und 3-mal mit dem Riesenrad.

4 Sina hat 10 €. Sie möchte so oft wie möglich mit dem Kettenkarussell fahren.

5 Sarah isst Pommes und eine Wurst. Dazu trinkt sie eine Limo.

6 Paul gibt 7 € für Essen und Getränke aus.

7 Auf der Achterbahn fahren 8 Wagen. In jedem Wagen haben 6 Personen Platz.

8 Bei der Wildwasserbahn stehen 45 Personen in der Schlange. In jedes Boot passen 5 Personen.

9 Die Klasse 2b besuchte den Park. Um 11.00 Uhr kamen sie an. Die Rückfahrt war um 16.00 Uhr.

10 Auch die Klasse 2c war im Park. Sie fuhren um 9.00 Uhr los. Hin- und Rückfahrt dauerten insgesamt eine Stunde. Die Klasse hielt sich 4 Stunden im Park auf.

senkrecht

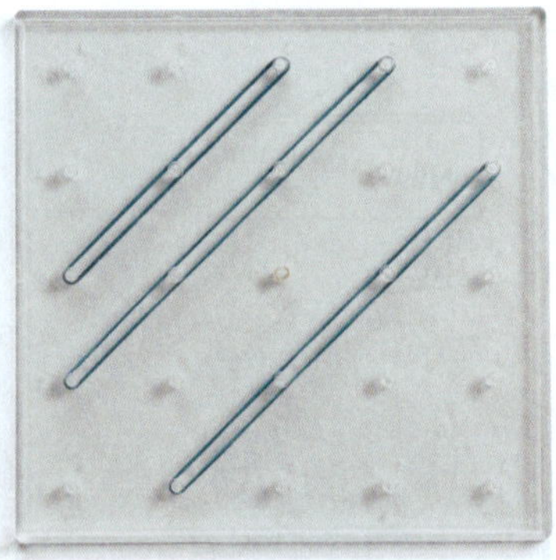

parallel

1 a)

Spannt am Geobrett Linien, die senkrecht zueinander stehen.

b)

Spannt Linien, die parallel verlaufen.

Der Faltwinkel ist ein rechter Winkel. Ich kontrolliere mit ihm, ob die Gummis senkrecht zueinander stehen.

2 Spanne die Figuren nach. Wo findest du senkrecht zueinander stehende Linien? Zeichne ins Heft und kennzeichne sie so: ⊾. Kontrolliere mit deinem Faltwinkel.

a)

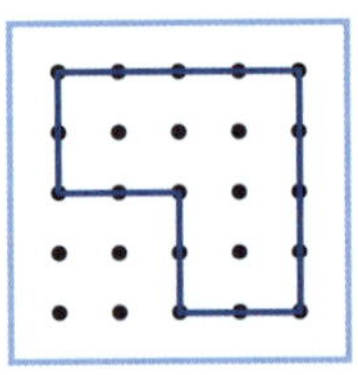

b)

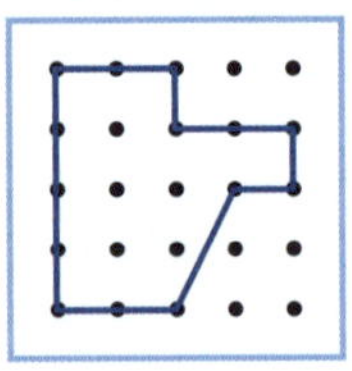

c)

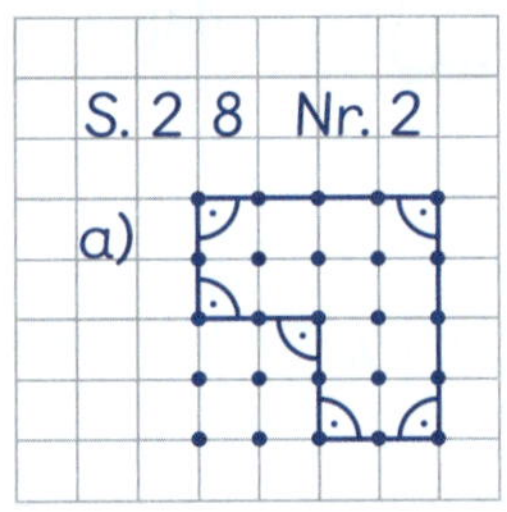

3 Spanne die Figuren nach. Wo findest du parallele Linien? Zeichne ins Heft und kennzeichne sie in der gleichen Farbe.

a)

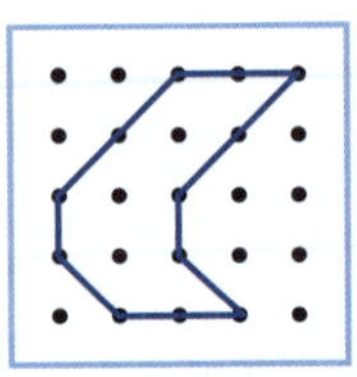

b)

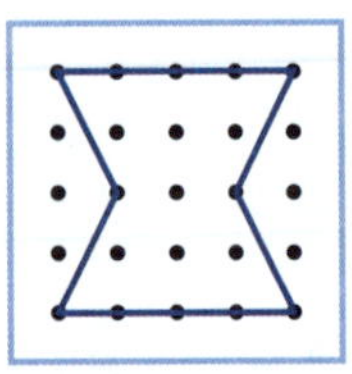

c)

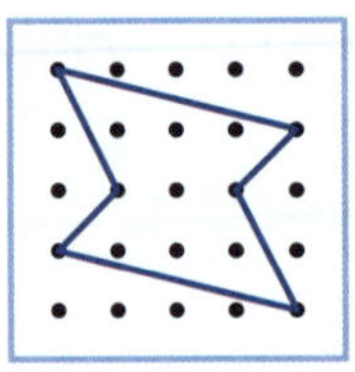

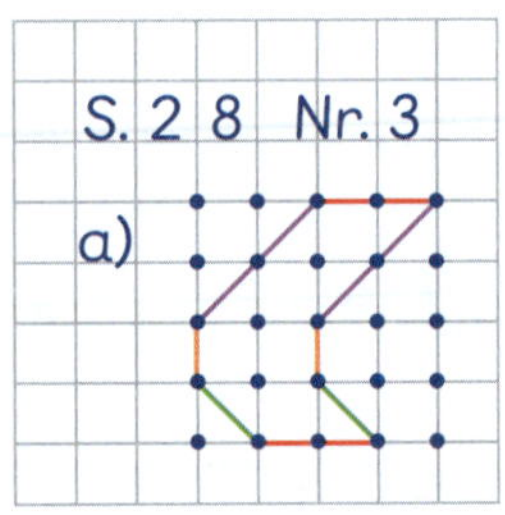

4 Spanne die Figuren nach und ergänze sie spiegelbildlich. Zeichne ins Heft. Kennzeichne parallele und senkrecht zueinander stehende Linien.

a)

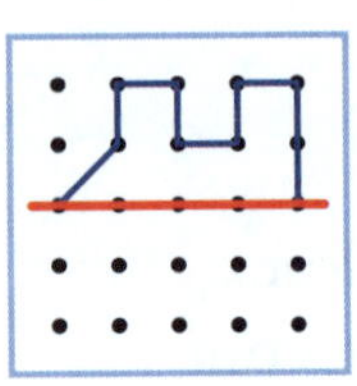

b)

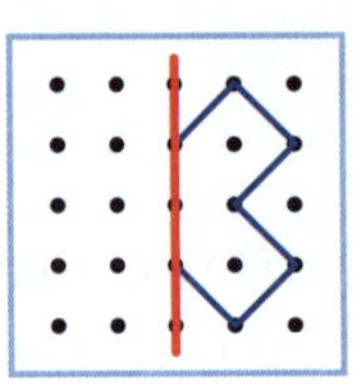

c)

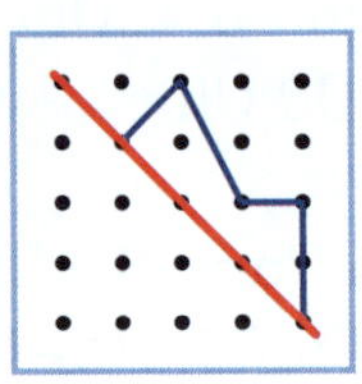

d)

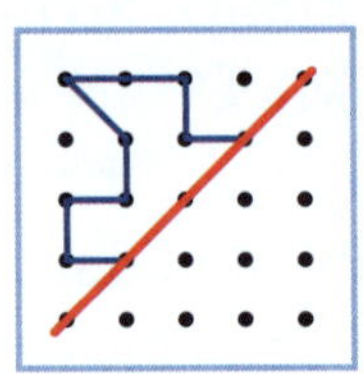

1 Faltwinkel basteln (Bastelanleitung siehe Handbuch)

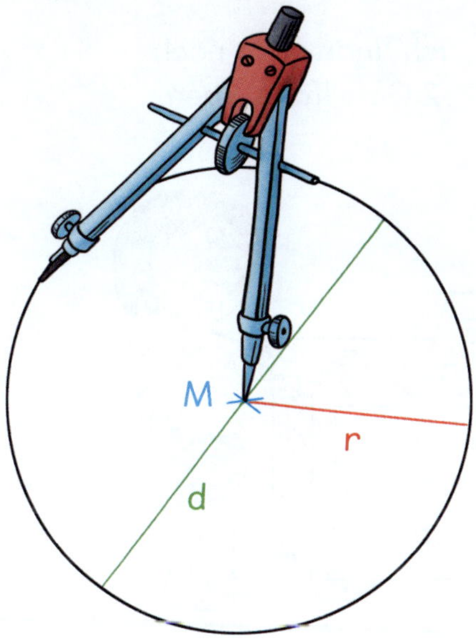

Der Kreis

- M heißt Mittelpunkt.
- r heißt Radius (Abstand vom Mittelpunkt zur Kreislinie).
- d heißt Durchmesser (Abstand der Kreislinie zur gegenüberliegenden Kreislinie durch den Mittelpunkt).

1 Miss bei einem Kreis an mehreren Stellen vom Mittelpunkt M zur Kreislinie. Was stellst du fest?

2 Zeichne mit einem Zirkel unterschiedlich große Kreise auf Zeichenpapier. Zeichne zuerst ein kleines Kreuz. Das ist der Mittelpunkt M. Stich dann mit der Zirkelspitze im Kreuz ein.

3 Zeichne Kreise mit dem Radius r. Miss bei allen Kreisen den Durchmesser d. Was stellst du fest?

a) r = 5 cm b) r = 3 cm c) r = 7 cm d) r = 10 cm e) r = 1 cm

4 Zeichne die Kreismuster auf Zeichenpapier und setze sie fort.

a)

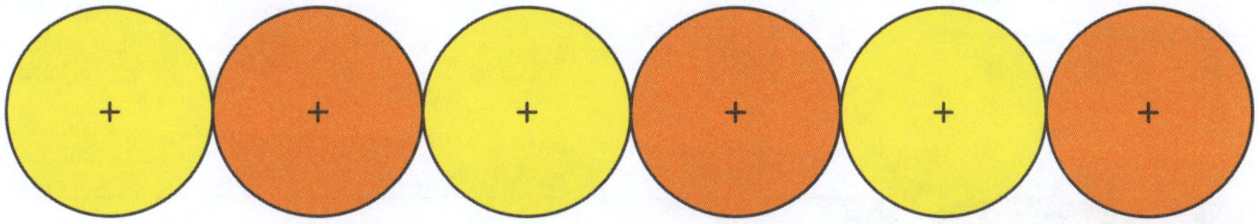

b)

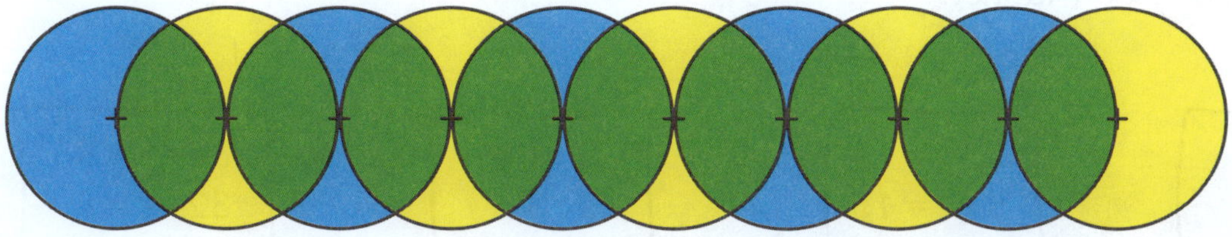

5 Erfinde eigene Kreismuster.

?

1 Feststellen, dass der Abstand immer der gleiche ist
3 Feststellen, dass der Durchmesser d immer das Doppelte des Radius r ist

3 Zahlen – 4 Aufgaben

1 Erkläre, wie Leo und Tina ihre Aufgaben finden.

2 Bilde mit drei Zahlen vier Aufgaben.

a) 4 12 3 b) 2 18 9

c) 7 35 5 d) 6 48 8

S. 30 Nr. 2

a) 4 · 3 = 12
3 · 4 = 12
12 : 3 = 4
12 :

3 Wie heißen die fehlenden Zahlen? Schreibe jeweils vier Aufgaben auf.

a) 2 6 ☐ b) 4 ☐ 5 c) ☐ 32 8

d) 7 70 ☐ e) ☐ 27 9 f) ☐ 42 7

4 Wie heißen die fehlenden Zahlen? Finde verschiedene Möglichkeiten. Schreibe jeweils vier Aufgaben auf.

a) 16 ☐ ☐ b) 20 ☐ ☐ c) 24 ☐ ☐

5 Setze fort, soweit du kannst.

a)
10 · 10 = ☐
9 · 9 = ☐
8 · 8 = ☐

b)
5 · ☐ = 5
5 · ☐ = 15
5 · ☐ = 25

c)
3 : 3 = ☐
9 : 3 = ☐
15 : 3 = ☐

d)
36 : ☐ = 9
32 : ☐ = 8
28 : ☐ = 7

1 Zu drei Zahlen jeweils zwei Malaufgaben (Tauschaufgaben) und zwei Geteiltaufgaben (Umkehraufgaben) finden; Zusammenhänge erkennen

1 Finde alle passenden Zahlen. Gehe geschickt vor.

2 Finde alle passenden Zahlen. Gehe geschickt vor.

a	b	c	d
3 · □ < 15	□ · 4 < 28	18 > □ · 6	80 > 10 · □
8 · □ < 32	□ · 9 < 54	7 > □ · 1	35 > 7 · □
7 · □ < 50	□ · 2 < 16	30 > □ · 5	42 > 9 · □

S. 31 Nr. 2
a) 3 · 0 < 15
3 · 1 < 15
3 ·

3 Finde alle passenden Zahlen.

a	b	c	d
10 : 2 > □	□ < 50 : 10	□ : 1 < 4	□ : 4 < 5
30 : 6 > □	□ < 18 : 3	□ : 7 < 3	□ : 2 < 7
24 : 4 > □	□ < 35 : 5	□ : 9 < 2	□ : 1 < 6

4 Setze ein: >, < oder =

a	b	c	d
2 · 6 ○ 20	4 ○ 25 : 5	14 + 4 ○ 3 · 6	60 − 56 ○ 15 : 5
5 · 7 ○ 35	10 ○ 70 : 10	27 + 5 ○ 4 · 9	45 − 35 ○ 100 : 10
3 · 9 ○ 18	2 ○ 16 : 8	63 + 7 ○ 7 · 7	20 − 13 ○ 36 : 6

5

2 · 6 = 12	5 · 4 = 20	7 · 2 = 14	0 · 10 = 0
5 · 8 = 40	10 · 3 = 30	5 · 5 = 25	9 · 5 = 45
1 · 7 = 7	2 · 9 = 18	6 · 10 = 60	8 · 6 = 48

1 Alle Lösungen finden; mit der 0 beginnen; entdecken, dass ab 5 keine Zahl mehr passt
5 Stoppuhr oder Sanduhr verwenden

1 Rechne mit deinem Weg.

a)
45 + 38 = ☐
52 + 19 = ☐
28 + 66 = ☐

b)
25 + 39 = ☐
62 + 29 = ☐
37 + 49 = ☐

c)
71 − 38 = ☐
46 − 27 = ☐
54 − 46 = ☐

d)
92 − 39 = ☐
63 − 29 = ☐
86 − 59 = ☐

2

a)
6 · 4 = ☐
8 · 5 = ☐
5 · 9 = ☐

b)
3 · 2 = ☐
4 · 7 = ☐
2 · 8 = ☐

c)
5 · 6 = ☐
4 · 8 = ☐
8 · 7 = ☐

d)
9 · 2 = ☐
6 · 9 = ☐
4 · 3 = ☐

e)
7 · ☐ = 35
4 · ☐ = 36
8 · ☐ = 48

3 Kontrolliere mit der Umkehraufgabe.

a)
28 : 4 = ☐
36 : 6 = ☐

b)
21 : 7 = ☐
40 : 8 = ☐

c)
19 : 5 = ☐
23 : 4 = ☐

d)
53 : 8 = ☐
20 : 3 = ☐

4 Schreibe Frage (F), Lösungsweg (L) und Antwort (A) auf.

a) Beim Sportfest werden 6 Gruppen gebildet. In jeder Gruppe sind 9 Kinder.

b) Am Fußballturnier nehmen 56 Kinder teil. In jeder Mannschaft spielen 8 Kinder.

5 Welche Zahlen haben sich die Kinder gedacht? Löse die Zahlenrätsel mit einem Pfeilbild.

a) Nele denkt sich eine Zahl. Sie subtrahiert 23 und erhält 24.

b) Luis denkt sich eine Zahl. Er multipliziert sie mit 5, dividiert dann durch 4 und erhält 10.

c) Gor denkt sich eine Zahl. Er multipliziert sie mit 7, addiert dann 48 und erhält 90.

6 Setze fort, soweit du kannst.

a)
8 · 2 = ☐
7 · 3 = ☐
6 · 4 = ☐

b)
72 : 8 = ☐
63 : 7 = ☐
54 : 6 = ☐

7 Finde heraus, wie gerechnet wird. Setze die fehlenden Zahlen ein.

a)
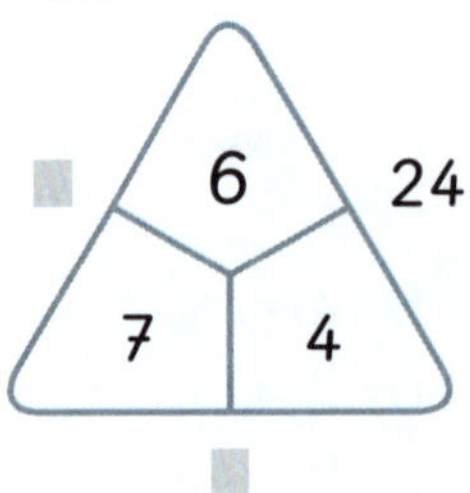

b)
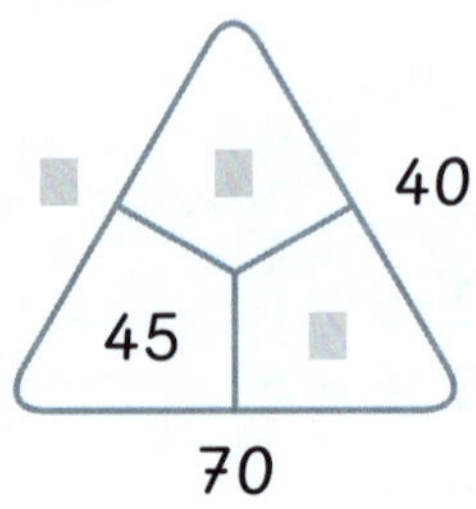

1–7 Wichtige Aufgaben aus Mathetiger 2 (Heft 1 bis 4) wiederholen;
Selbsteinschätzung: entsprechend dem Können der Aufgabe den passenden Smiley ins Heft malen

8 Miss die Länge der einzelnen Strecken. Berechne die Gesamtlänge.

9 Zeichne Quadrate.

a) Länge: 6 cm

b) Länge: 10 cm

10 Zeichne Rechtecke.

a) Länge: 4 cm Breite: 2 cm

b) Länge: 6 cm Breite: 5 cm

11 Schreibe beide Uhrzeiten auf.

a)

b)

c)

d)

12 Schreibe auf, wie viel Zeit vergangen ist.

a)

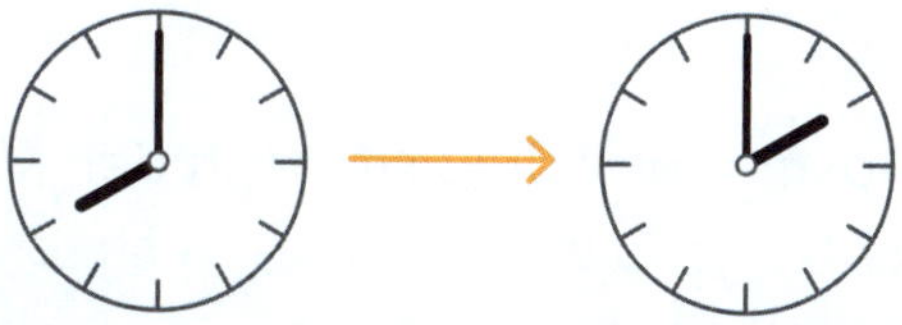

b)

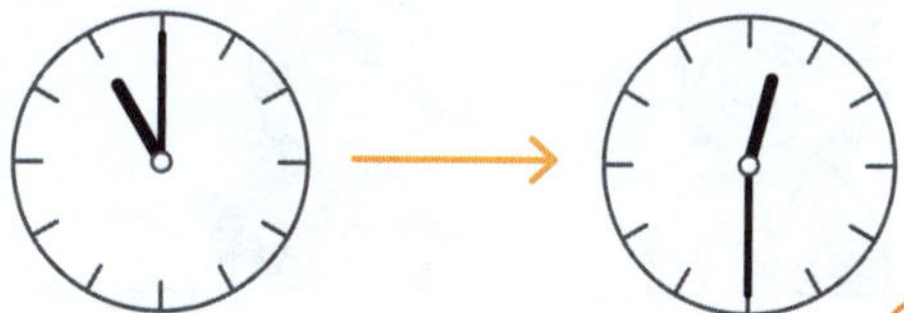

13 Schreibe die Sätze auf und setze richtig ein: cm, m, €, ct, h, min.

- Mascha kauft ein und gibt 7 __ aus.
- Mia kann 1 __ die Luft anhalten.
- Mein Bleistift ist 9 __ lang.
- Ein Joghurt kostet 40 __.
- Tina schläft in der Nacht 9 __.
- Die Schule ist 35 __ lang.

14 Die Klassen 2a und 2b machen gemeinsam eine Wanderung.
Schreibe Frage (F), Lösungsweg (L) und Antwort (A) auf.

a)

In Klasse 2a sind 19 Kinder.
In Klasse 2b sind 23 Kinder.

b)

6 Kinder kaufen sich ein großes Eis.
Jedes Eis kostet 2 €.

c)

Während der Pause machen die Kinder Tannenzapfen-Weitwurf. Timo wirft 9 m weit, sein Freund Tarek 5 m weiter.

d)

Die Klassen sind um 9.00 Uhr losgewandert. Um 15.30 Uhr sind sie wieder an der Schule.

8–14 Wichtige Aufgaben aus Mathetiger 2 (Heft 1 bis 4) wiederholen;
Selbsteinschätzung: entsprechend dem Können der Aufgabe den passenden Smiley ins Heft malen

1 Übertrage das Quadrat ins Heft. Setze die Zahlen 1 bis 9 so in das Quadrat ein, dass die Plusaufgabe in jede Richtung immer 15 ergibt.

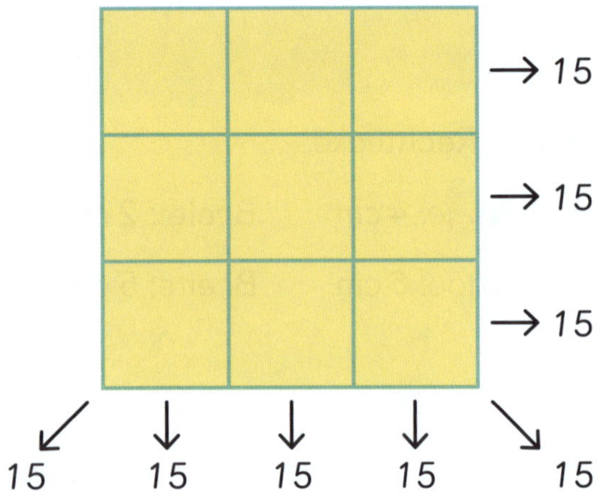

2 a

Paul, Mascha und Jule sitzen in der Klasse nebeneinander.
Sie möchten jede Woche anders sitzen. Wie viele Möglichkeiten gibt es?
Schreibe alle auf.

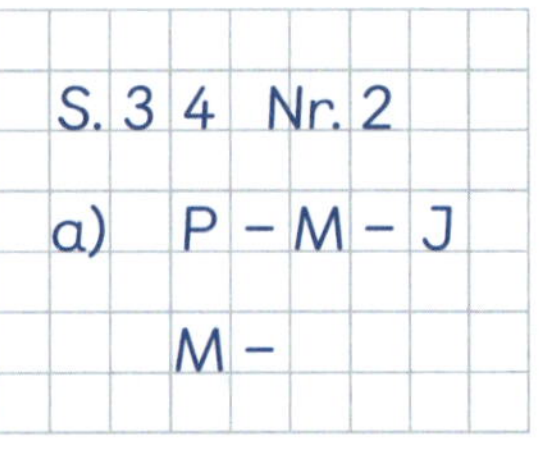

b

Mascha und Jule möchten immer nebeneinander sitzen.
Wie viele Möglichkeiten gibt es jetzt? Schreibe alle auf.

3 Untersuche die Figur.

a

Wie viele Quadrate entdeckst du?

b

Wie viele Rechtecke entdeckst du?

c

Wie viele Dreiecke entdeckst du?

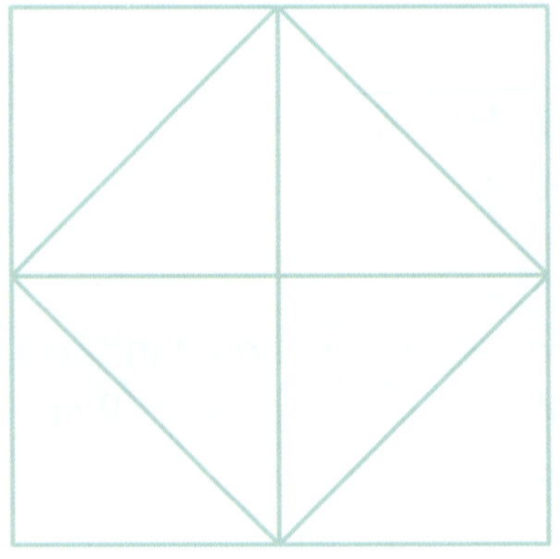

Kennst du den Spruch: „... das macht nach Adam Ries ...“?

Vor fast 500 Jahren lebte in der Stadt Annaberg in Sachsen ein Mann namens Adam Ries. Damals war es keine Pflicht, in die Schule zu gehen. Deshalb konnten auch viele Erwachsene weder lesen noch rechnen. Adam Ries gründete eine Rechenschule und brachte den Leuten bei, wie sie mit großen Zahlen rechnen konnten. Dazu verwendete er Rechenpfennige und ein Rechenbrett (Abakus). Adam Ries war ein sehr erfolgreicher Rechenlehrer, der auch Bücher über seine Rechenkunst schrieb.

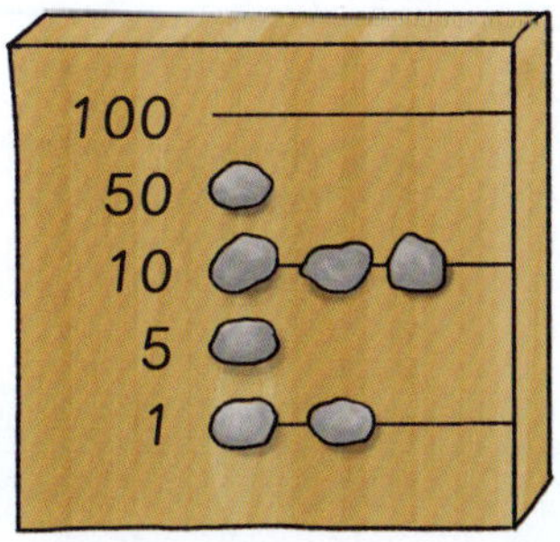

Auf dem Rechenbrett von Adam Ries gibt es drei Linien. Die Linien haben die Werte 1, 10, 100.

Es gibt noch zwei Zwischenräume mit den Werten 5 und 50.

Regeln

- Auf einer Linie dürfen höchstens vier Rechenpfennige liegen.
- In einem Zwischenraum darf höchstens ein Rechenpfennig liegen.

1 Welche Zahl hat Adam Ries auf dem Rechenbrett dargestellt? Schreibe eine Plusaufgabe auf.

S. 35 Nr. 1
50 + 30 +

2 Wie heißen diese Zahlen? Schreibe Plusaufgaben auf.

a)

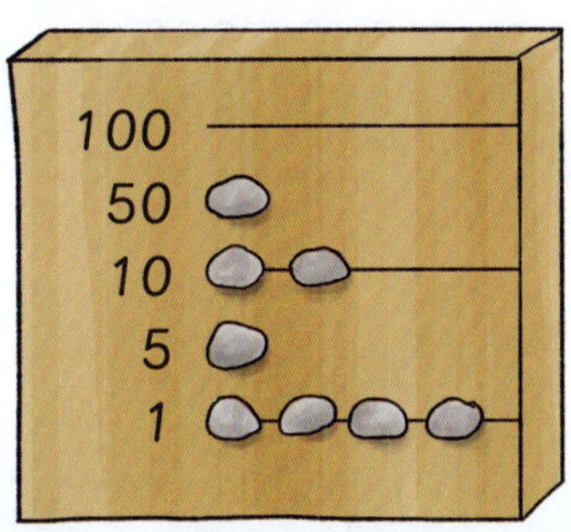

b)

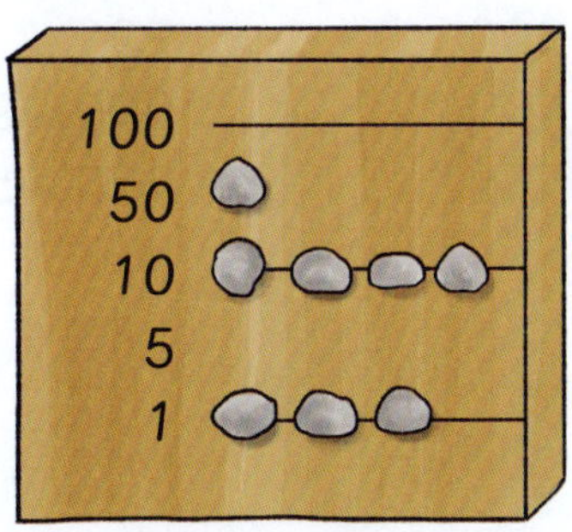

c)

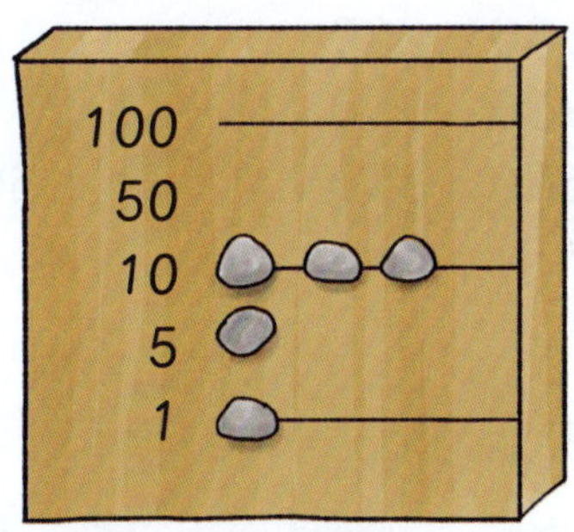

3 Lege auf dem Rechenbrett. Beachte die Regeln. Dein Partner kontrolliert.

a) 30 b) 50 c) 90 d) 47 e) 51 f) 99

Das abgebildete Rechenbrett ist eine verkürzte Darstellung.
3 Einer (Beilage 1) und Kopiervorlage verwenden

1 Was gehört zusammen?[1]

Hunderter = H

100	200	300
einhundert	zweihundert	dreihundert

S. 3 6 Nr. 1

= 1 0 0 = einhundert

= 2 0 0 = zweihundert

2 Schreibe die Hunderterzahlen auf zwei andere Arten.

S. 3 6 Nr. 2

a) 2 H 0 Z 0 E = 2 0 0

a)

b)

c) 6 H 0 Z 0 E   d) 9 H 0 Z 0 E   e) 400   f) 700

3 Setze ein: >, < oder =

a	b	c	d
300 ○ 200	100 ○ 1 000	700 ○ 700	800 ○ 300
700 ○ 900	40 ○ 400	1 000 ○ 900	500 ○ 500
500 ○ 800	600 ○ 80	400 ○ 500	0 ○ 100

4 Setze passende Hunderterzahlen ein.

a	b	c	d
200 < ☐	600 = ☐	☐ = 900	☐ < 300
900 > ☐	200 > ☐	☐ > 700	☐ > 400
300 = ☐	1 000 > ☐	☐ < 600	☐ = 1 000

1 Ggf. mehrere Hunderterfelder (Beilage 2) gelb einfärben und Zahlen legen

T	H	Z	E
	4	3	1

431

400 + 30 + 1

1 Schreibe die Zahlen auf drei Arten.

S. 37 Nr. 1

a) T H Z E | 2 1 3 = 2 0 0 + 1 0 + 3 = 2 1 3

a

b

c

d

e

2 Schreibe die Plusaufgabe und die Zahl.

S. 37 Nr. 2

a) 4 0 0 + 8 0 + 2 = 4 8 2

a

T	H	Z	E
	4	8	2

b

T	H	Z	E
	9	3	5

c

T	H	Z	E
	1	7	2

d

T	H	Z	E
	8	0	8

e

T	H	Z	E
1	0	0	0

3 Lest die Zahlenreihe. Wie geht es weiter?

a 200, 300, 400, ... 1 000

b 710, 720, 730, ... 850

c 620, 621, 622, ... 635

d 300, 299, 298, ... 280

1–2 Ggf. mehrere Hunderterfelder (Beilage 2) verwenden

Hunderter, Zehner und Einer

Hunderter Zehner Einer

H	Z	E
	6	3

6 Z 3 E = 60 + 3 = 63

Nachbarzehner

20 und 30 sind die Nachbarzehner von 23.

Grundrechenarten

+
plus
addieren
Addition

27 + 38 = 65

Summand + Summand = Summe

–
minus
subtrahieren
Subtraktion

54 – 29 = 25

Minuend – Subtrahend = Differenz

·
mal
multiplizieren
Multiplikation

6 · 7 = 42

Faktor · Faktor = Produkt

:
geteilt durch
dividieren
Division

54 : 9 = 6

Dividend : Divisor = Quotient

Kernaufgaben

1 · ▢ = ▢
2 · ▢ = ▢
5 · ▢ = ▢
10 · ▢ = ▢

Verdopplungsaufgaben

2 · 8 = 16
4 · 8 = 32

6 · 2 = 12
6 · 4 = 24

Nachbaraufgaben

4 · 7 = 28
5 · 7 = 35
6 · 7 = 42

Tauschaufgaben

50 + 32 = 82
32 + 50 = 82

3 · 8 = 24
8 · 3 = 24

Umkehraufgaben

67 + 18 = 85
85 – 18 = 67

54 – 26 = 28
28 + 26 = 54

4 · 9 = 36
36 : 9 = 4

16 : 2 = 8
8 · 2 = 16

Längen

1 Zentimeter = 10 Millimeter
1 cm = 10 mm

1 Meter = 100 Zentimeter
1 m = 100 cm

Strecke

Den kürzesten Weg von A nach B
nennt man Strecke.

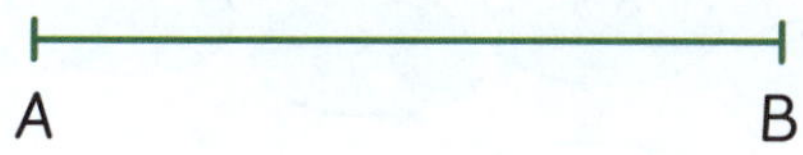

$\overline{AB}$ = 5 cm

Zeit

1 Jahr = 365 Tage
1 Schaltjahr = 366 Tage
1 Jahr = 12 Monate
1 Woche = 7 Tage
1 Tag = 24 Stunden

1 Stunde = 60 Minuten
1 h = 60 min
halbe Stunde = 30 min
Viertelstunde = 15 min
Dreiviertelstunde = 45 min

Grundformen

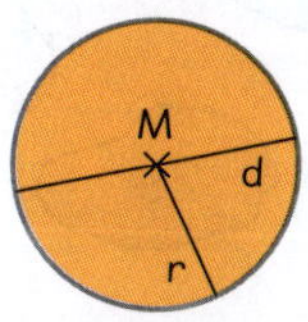

Mittelpunkt M
Radius r
Durchmesser d

Kreis

Dreieck

Vierecke

Rechteck

Quadrat

Körper

Quader

Würfel

Zylinder

Kugel

Wer kommt zuerst zur 100? – Würfelspiel

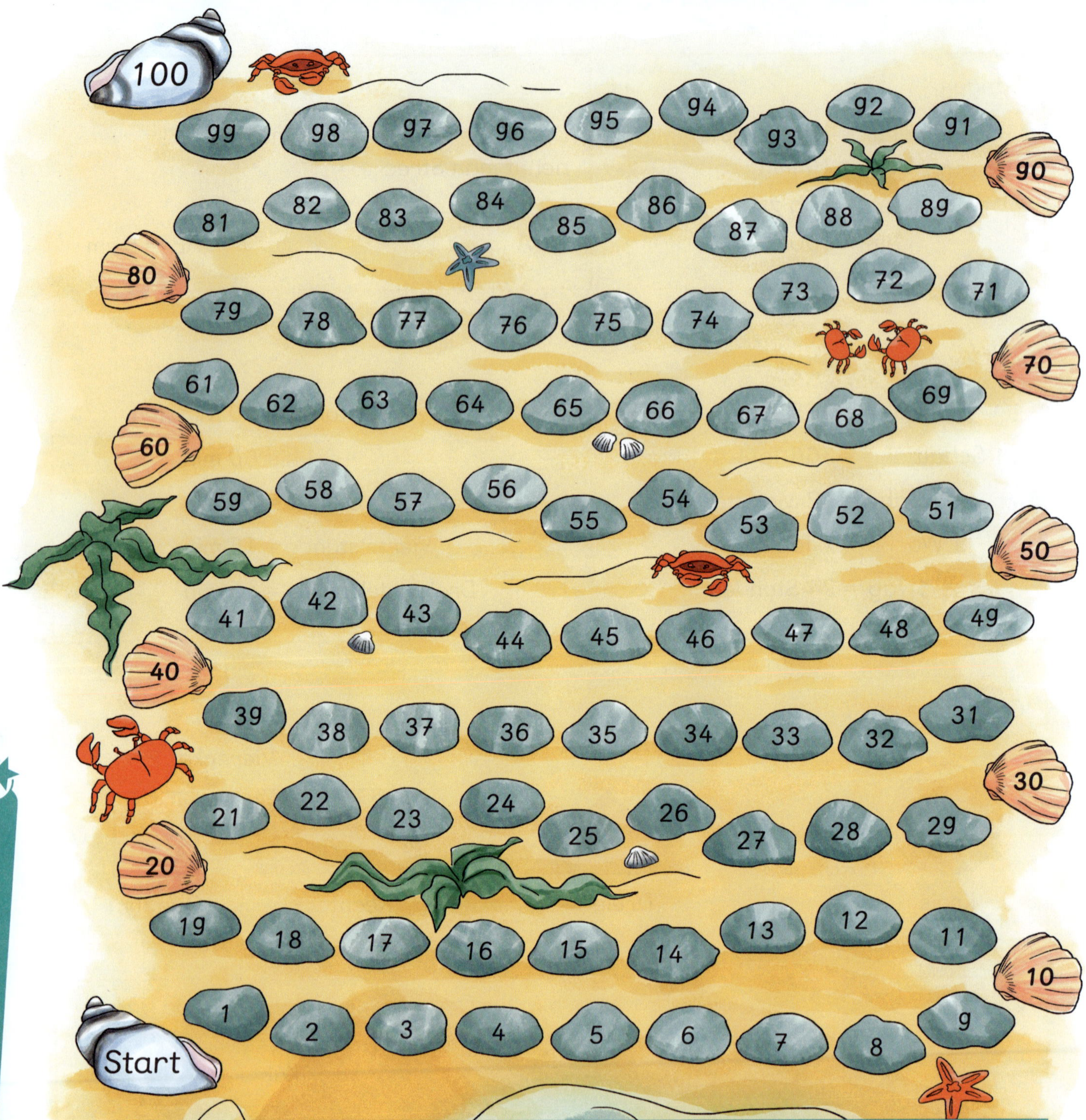

Wer kommt zuerst zur 100?

Spiel für 3 bis 4 Kinder

Ihr braucht:
2 Zehnerwürfel, je 1 Spielstein

Spielregeln:

- Der erste Spieler würfelt mit den beiden Würfeln. Er findet eine Aufgabe. Alle Rechenarten sind erlaubt.
- Er setzt seinen Spielstein auf die Lösungszahl.
- Nun ist der nächste Spieler an der Reihe. Er würfelt ebenso, findet eine Aufgabe und setzt seinen Spielstein auf die Lösungszahl. Hat er die gleiche Lösungszahl wie der erste Spieler, muss der erste Spieler auf den nächstkleineren Zehner zurück. So geht es weiter.
- Ab der zweiten Würfelrunde wird mit der Lösungszahl gerechnet und nur noch mit einem Würfel gewürfelt.
- Sieger ist, wer genau zur 100 kommt.